广西中越边境

喀斯特地貌大型真菌

祁亮亮 等 著

中国农业科学技术出版社

图书在版编目（CIP）数据

广西中越边境喀斯特地貌大型真菌 / 祁亮亮等著. --北京：中国农业科学技术出版社，2024. 5

ISBN 978-7-5116-6426-6

Ⅰ. ①广…　Ⅱ. ①祁…　Ⅲ. ①大型真菌－介绍－广西　Ⅳ. ①Q949.320.8

中国国家版本馆CIP数据核字（2023）第173264号

责任编辑　崔改泵　邓小红
责任校对　李向荣
责任印制　姜义伟　王思文

出 版 者　中国农业科学技术出版社
　　　　　北京市中关村南大街12号　　邮编：100081
电　　话　（010）82109194（编辑室）　（010）82106624（发行部）
　　　　　（010）82109709（读者服务部）
网　　址　https：// castp.caas.cn
经 销 者　各地新华书店
印 刷 者　北京地大彩印有限公司
开　　本　185 mm × 260 mm　1/16
印　　张　17.25
字　　数　350千字
版　　次　2024年5月第1版　　2024年5月第1次印刷
定　　价　160.00元

内容简介

广西中越边境喀斯特地貌有着特殊的生境，常年干湿分明的气候，孕育了诸多特有的大型真菌。作者及其团队历经6年多的时间，充分掌握了广西中越边境喀斯特地区大型真菌的第一手资料，累计采集标本1 500余份，在形态学鉴定结合分子生物学研究方法的基础上，共鉴定出大型真菌60科135属，共计232种，其中新种2个（已另文发表）。本书可作为专业学者了解喀斯特地貌下大型真菌的参考资料，亦可作为中小学学生和农林专业学生的科普读物。通过阅读本书可以充分了解到大型真菌的基础知识，掌握评判大型真菌是否有毒的依据，也可以为疾控部门、医院的技术人员等提供参考，提高广西地区预防大型真菌（俗称蘑菇）中毒意识，为构建和发展新的食用菌产业提供基础信息。

《广西中越边境喀斯特地貌大型真菌》

著者名单

顾　　问：姜明国

主　　著：祁亮亮

副 主 著：李俐颖　刘宁宁　郎　宁

主要参与调查活动及提供素材的专家：

王晓国　刘栩州　刘增亮　叶建强

黄显河　曾　辉　盖宇鹏　娜　琴

颜俊清　谢孟乐　赵承刚　黄丽玲

胡永强　陈雪凤　韦仕珍　刘晟源

龙继凤　韦仁秀　吴小建　张芳芳

陈振妮　韦仕岩　黄曼璇　钦　洁

封面手绘图：卢文佳

作者简介

祁亮亮　理学博士，副研究员。广西农业科学院微生物研究所（食用菌研究所）副所长、国家科技特派团成员、国家食用菌产业技术体系南宁综合试验站站长、鲁东大学和广西民族大学硕士生导师。从事大型真菌分类学及生态学研究工作，收集了广西壮族自治区内大型真菌标本1 500余份，参与编写《中国大型菌物资源图鉴》《广西农作物种质资源·食用菌卷》《邮海采菇——菌菇邮票鉴考》《食用菌高质高效生产200题》《广西弄岗自然观察手册》专著5部；发表论文32篇，其中SCI论文15篇。

李俐颖　工学硕士，助理研究员。从事大型真菌采集及食用菌栽培研究相关工作。先后参与国家重点研发项目、广西壮族自治区创新驱动发展专项、科技基地和人才专项、广西壮族自治区自然基金等各级各类科研项目10余项。发表论文10余篇，参与编著专业著作1部。

刘宁宁　理学学士，生物技术专业，一级教师。从事小学数学和科学教学工作。教学成绩突出，多次荣获南宁市高新区学科优秀教师和高新区优秀教师。主持或参与市级规划和微型课题6项。发表论文4篇。

郎　宁　推广研究员，曾任广西农业科学院微生物研究所所长、党支部书记；中国食用菌协会副会长、广西食用菌协会会长。从事粮油和经济作物、食药用菌、农业微生物等方面的研究和示范推广工作，荣获2006年度广西“新世纪十百千人才工程”第二层次人选、广西高层次E类人才等称号。

前言

广西中越边境喀斯特地区地处广西西南部，具有北热带及亚热带南缘的气候特点，干湿分明，春夏湿热多雨，秋冬干燥少雨，且该地区地下暗河众多，岩溶洞穴、天坑、峰林、峰丛等喀斯特微环境丰富，植被类型多样，植物特有种类丰富。广西中越边境喀斯特地区是广西北热带喀斯特地区的重要组成部分，大部分地区属典型的喀斯特地貌，至今还保存着世界上罕见的、最完好的北热带喀斯特季节性雨林。原始生境下的喀斯特热带雨林是生态重建工程中重要的生态参考系统，广西中越边境喀斯特地区具有显著的特点：是全球三大喀斯特集中分布区中面积最大、岩溶发育最强烈的地区；是广西维管束植物特有中心之一，是中国植物区系三大特有中心之一；是《中国生物多样性保护战略与行动计划》划定的35个生物多样性保护优先区域之一，是全球生物多样性热点地区。但也是生态环境最脆弱的地区之一。

广西中越边境喀斯特地区总体地貌表现为西部和西北部向东部和东南部缓慢倾斜，可以追溯至古生代志留纪末期，经加里东地壳运动、印支运动、燕山运动等形成广西初期地貌，后经喜马拉雅造山运动及新构造运动，形成现今广西中越边境喀斯特地区的地形地貌。春夏季节受印度洋西南季风的影响，湿热多雨，秋冬季受大陆季风的影响，气温偏低，干燥少雨。故受到地形地貌、海拔梯度、气候水文等条件的影响，植被类型差异较大，大型真菌的生态类型或多样性也较为特殊。从近几年在广西中越边境喀斯特地区的野外实地调查情况来看，大部分的喀斯特植被及其林下大型真菌都受到人为干扰，区域内保存较好的植被及大型真菌多位于保护区内。

广西中越边境喀斯特地区真菌研究从第一次全国农作物种质资源普查（1955年至1958年）期间开始，但是主要以植物病理性真菌为主，鲜有大型真菌的记载；而后在第二次全国农作物种质资源普查（1979年至1980年）期间，广西开始对中越边境的弄岗保护区进行了研究，发现了大型真菌77

种，其中不乏黑木耳、灵芝、毛木耳等具有重要栽培价值的食用菌，还包括银耳、草菇、蛹虫草等在内的珍稀食用菌；第三次全国农作物种质资源普查（2015年至2020年）开始后，累计在龙州县发现158份食用菌种质资源（包括野生菌及栽培种类），但广西中越边境喀斯特地貌区大型真菌的可持续利用仍存在诸多问题，比如喀斯特地貌石漠化严重，生态环境脆弱，部分大型真菌的生存环境受到威胁，部分濒危或近危的物种未被发现时，已经处于灭绝的状态下。另外，广西中越边境喀斯特地貌区植物多样性丰富且特殊，其生境下大型真菌的物种多样性并不清晰，亟需对大型真菌开展研究。

广西中越边境喀斯特地貌有着特殊的生境条件，常年干湿分明的气候，孕育了诸多特有的大型真菌。作者及其团队充分掌握了广西中越边境喀斯特地区大型真菌的第一手资料，共累计采集标本1 500余份，通过形态学鉴定，结合分子生物学研究等方法的基础上，共鉴定出大型真菌60科135属，共计232种，其中新种2个（已另文发表）。

本书引言部分从什么是大型真菌入手，到怎样采集大型真菌，到如何鉴定保存大型真菌，到如何区分有毒真菌，再到如何发现新物种等开篇，讲述了对大型真菌的理解，也为本书能够轻松阅读奠定了基础。

通过作者在广西6年余的实地采集调查，在充分了解广西中越边境喀斯特地貌的前提下，图文并茂地描述了232种大型真菌，书中涉及的物种包括子囊菌门和担子菌门。排序方面，子囊菌门在前，担子菌门在后，二者门下物种均以字母先后顺序排列。每种大型真菌包括了拉丁学名、中文名、宏观特征、是否有毒、生境及濒危等级等，为读者研究喀斯特地貌的大型真菌提供参考。

广西大型真菌物种丰富，在标本收集、鉴定和保藏过程中，作者进行了深思熟虑，反复推敲，但书中一定还有不少错误需要纠正，还有不少纰漏需要完善，敬请读者批评指正。

作　者
2024年春

引　言

1. 什么是大型真菌?

大型真菌是相对于小型真菌而言的，其一般指的是肉眼可见，徒手可采的一类真菌。大型真菌主要包括子囊菌类和担子菌类。例如，有价无市的“黑松露”，西藏地区有“宁要虫草一把，不要金玉满堂”的冬虫夏草，超市里常见的“北冬虫夏草”又名虫草花的蛹虫草，近些年在国内实现人工栽培的羊肚菌等，均属于子囊菌。有“洋蘑菇”之称的双孢蘑菇，有“中国蘑菇”之称的草菇，以及“宛如花朵”的银耳、“触碰变色”的牛肝菌、“红伞伞、白杆杆”的灰肉红菇、“仙草”美誉的灵芝等，均属于担子菌。

2. 大型真菌的重要性!

据估计，世界上约有150多万种真菌，甚至更多（分子生物学研究表明真菌数量可能在600万种以上）。在陆地生态系统中，菌物的数量仅次于植物，且菌物在地球环境、地球化学、物质循环中具有重要作用。首先，相对于植物来说，大型真菌自身不能进行光合作用，属于分解者；植物的枯枝落叶、动物的尸体等，均需要真菌来进行彻底的分解，否则，地球上垃圾会堆积如山。其次，大型真菌还可以和植物互利共生，与其宿主相互提供营养，促进宿主的生长，如大部分的松树均需要菌根真菌的帮助才能提高成活率。最后，大型真菌为我们提供了丰富的素食蛋白质，大型真菌也可以作为“大健康食品（如灵芝）”“药物（如茯苓）”“调味品（如草菇）”等。著名蕈菌学家张树庭教授用20字形容了大型真菌的作用，“无叶无芽无花自身结果，可食可补可药周身是宝”。李玉院士将食用菌总结为“五不争”：不与人争粮，不与粮争地，不与地争肥，不与农争时，不与其他争资源。

3. 大型真菌的保护与保育。

大型真菌保护与保育的中心任务是在一定的理论指导下，拯救珍稀、濒危物种，合理利用生物资源，保持大型真菌的多样性，包括就地保育和异地保育。就地保育是在大型真菌的原生态地对其进行保护；异地保育是通过人工干预，包括转移至适合的生态环境和纯人工培养等。在我国，就地保育的大型真菌种类包括松茸、冬虫夏草、香菇、黑木耳等，并成立了相关的保护区或保育点；异地保育的常用方法包括离体培养、人工栽培、野外移植等。大型真菌常见的菌种保藏方法包括斜面保藏法、石蜡保藏法、沙土管保藏法、液氮保藏法等。

4. 怎样采集大型真菌?

大型真菌的采集主要包括前期准备、采集、记录、孢子印制作、烘干、编号、保存、鉴定、分类等。前期准备工作包括大型真菌鉴定相关图书、单反相机、三脚架、补光灯、标尺、编号等。需要注意的是，尽量不用手机拍摄，因为手机拍摄的大型真菌以及周边环境的颜色会发生一定的变化，不利于后期的精准鉴定。另外，采集大型真菌时需要对采集地进行走访调查，了解采集地的地形地貌、大型真菌被采食的种类、当地是否有大型真菌的市场等。正式采集时，如对环境不了解，必须聘请当地向导。采集时，尽量不要用手直接将大型真菌采下来，而是用木质或铁质的刀具或铲子采摘。部分大型真菌需要用竹刀或陶刀破坏菌褶或菌孔、菌肉、菌柄等，来观察是否有变化（乳菇属、牛肝菌属等）；部分物种需要用手触碰，看是否发生颜色反应等（牛肝菌属、假芝属等）。大型真菌原生境照片的拍摄需要做到以下几点：拍清楚菌盖、菌柄、菌褶等细节特征，需要时可以多拍几张；拍摄大型真菌在触碰、受伤后是否发生变化等。记录大型真菌生境、海拔、经纬度、基质等。

5. 怎样做孢子印?

孢子印，是孢子印迹的简称，是指孢子从子实体上脱落后沉积而形成的可见痕迹，孢子印及其颜色是伞菌分类依据之一（图1、图2）。常见的制作方法（以双孢蘑菇为例）：取双孢蘑菇新鲜子实体，在确保菌盖完整的情况下，去掉菌柄，将菌褶朝下扣在白纸上，再用合适的器皿罩住，防止风吹散孢子，经过4～6 h，孢子散落在纸上形成的印迹，即为孢子印。如果孢子是白色的，可以用黑色的卡纸；如果无法确定孢子印的颜色，可将菌盖一半放在白色纸一半放在黑色纸上。有时为了加快孢子弹射，会在卡纸下边放一碟温水，可以提高孢子弹射速度。

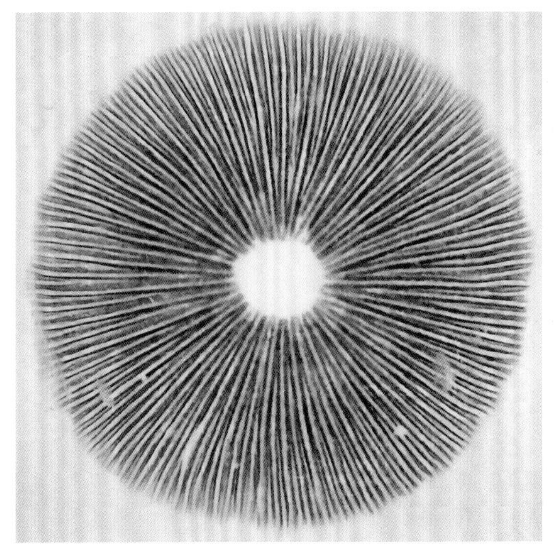

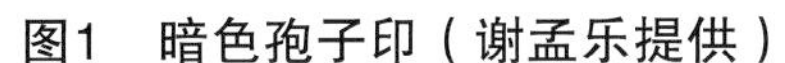

图1 暗色孢子印（谢孟乐提供）

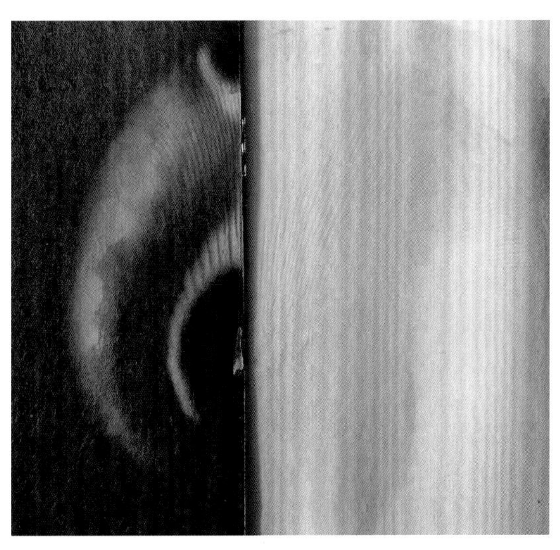

图2 秀珍菇的孢子印

6. 标本如何制作和保存?

大型真菌标本制作的方法有多种，常见的制作方法包括：干燥脱水法、福尔马林浸泡法、水晶滴胶保藏法等。干燥脱水法是最常用的方法，其一般是用烘干机于低于50℃的温度烘干后，将标本和干燥剂、标签纸等一同放入自封袋中，然后放入标本盒，并在盒体标注标本的采集信息，包括学名、中文名、采集地、采集人、生境、采集日期、鉴定人等信息，该方法多用于科研或标本馆馆藏标本。福尔马林浸泡法，多用于展示标本，但会造成标本的颜色改变，不利于长期保存。水晶滴胶保藏法，可以保证标本的颜色不变，可以长期保存，但制作难度大，且不利于科学研究。

7. 标本如何鉴定?

对大型真菌的鉴定主要包括传统形态学鉴定方法和分子系统学鉴定方法。前者主要是依据采集得到标本的形态特征记录，宏观形态如：菌盖颜色、形状，是否有附属物等；菌柄形态，着生方式，是否有附属结构；菌褶或菌孔形态、颜色等。微观形态如：菌丝特征、菌盖皮层特征、菌柄菌髓特征、子实层特征及孢子、担子及囊状体（侧囊体、缘囊体、盖囊体以及柄囊体等）特征等。主要鉴定方法：宏观特征、微观显微特征、大型真菌组织结构与相关化学试剂反应相结合的方法。宏观特征主要依据是干标本特征、野外生态记录、野外原位生态照片等。微观特征主要依据干标本部分组织分别置于ddH_2O、3%或5%的KOH、Melzer试剂、$FeCl_2$溶液等的测量数据或反应。其中，孢子大小的数值是随机测量30个孢子的平均值±标准差。分子系统学方法，主要是利用DNA条形码技术，扩增一段或几段条形码（如mtRNA、rDNA、ITS、IGS、RPB1、RPB2、LSU等），通过序列比对，构建系统发育树，从而对物种进行快速分类鉴定。

此外，标本鉴定还包括数值分类法、化学分类法、气相色谱法、形态学发育法等。

8. 如何识别有毒与可食大型真菌?

判断一个物种是否可食，是一个大的“工程”。但是，首当其冲的是，我们必须认识这个物种。对于大型真菌而言，我们首先要做到不认识的大型真菌不采食。其次是对于长期采食而不知道学名的物种，要及时与相关专家联系，避免混入部分有毒物种或不常采食的物种。一般情况下，菌盖上有附属物、菌柄上有菌环、菌柄基部有菌托，这三个特征如果都具备，大概率这个物种是有毒的。不要轻易采信网络上真假难辨的鉴定蘑菇是否有毒的方法。

9. 大型真菌新种如何发现?

物种是生物分类的基础单元，狭义上的物种指的是物种分类地位的划分，主要通过鉴定和分类两种科学手段；而广义上的物种还包括物种和物种之间的关系以及系统发育、系统进化等。发现定义新物种，一直以来是分类学家们努力的源泉。物种在当代最为被接受的概念包括形态学物种、生物学物种、系统学物种。形态学物种的划分，完全基于形态特征，包括宏观及微观特征，其划分往往具有明确的、可区别的宏观或微观形态依据，而形态学特征也是大型真菌分类鉴定中最常用的分类依据。生物学物种指的是一个交配可育的个体群，种内个体通过交配和基因交流，而与其他物种在生殖学和遗传学上存在隔离的物种。系统学物种是在通过分子手段对物种进行鉴定而衍生出来的概念，物种鉴定结果可信度的高低与数据来源及数据的准确性有直接关系，其比生物学物种的确定更具有可操作性，与形态学物种的确定相比，减少了主观因素的影响。

虽然人们对大型真菌比较了解，但是由于地区、民族甚至是风俗的不同，造成同一种大型真菌的名字就有很多种，比如称松乳菇为奶浆菌、枞树菌，灰肉红菇为大红菇、正红菇、大红菌、红椎菌等。当生物学家发现新物种后，首先是依据新物种的特征来命名，一般用宏观或微观特征，偶尔用到地域特征。正常物种名称包括属名、种加词、命名人，比如*Entoloma liaoningense* Yu Li，L. L. Qi & Xiao Lan He，这个物种名称包括了属名*Entoloma*粉褶菌属，种加词*liaoningense*辽宁，命名人Yu Li，L. L. Qi & Xiao Lan He（图3、图4）。物种名称中每一部分都需要科学考究，其中，属名和种加词一定需要拉丁化，且符合拉丁语法。合格发表一个大型真菌新物种，必须在相关信息库中获得登录号，有针对地描述该物种的形态特征，并指定模式标本，用于后来人对标本进一步研究，且配有形态学方面的手绘图或显微镜照片。一般发表一个大型真菌新物种，需要3个以上子实体标本，通过形态学以及系统发育学等方法进行多重验证，一般在论文发表时配有相关的系统发育树并标注新物种的位置、系统进化关系、与相似物种是否存在差异等。

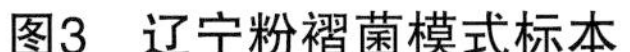

图3 辽宁粉褶菌模式标本

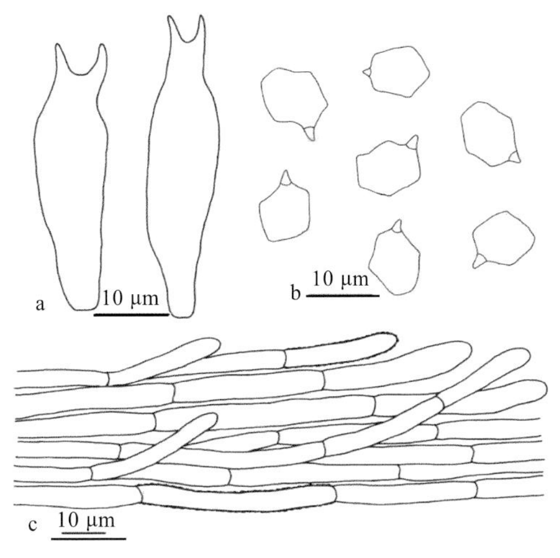

图4 辽宁粉褶菌模式标本微观结构

10. 子囊菌和担子菌简介

子囊菌与担子菌最主要的区别为子囊菌的囊状细胞里含有核融合与减数分裂后形成的子囊孢子，通常情况下是8个子囊孢子（姚一建等，2002）。

常见的子囊菌门食用菌包括虫草属真菌，如蛹虫草（*Cordyceps militaris*）

等；马鞍菌属真菌，如白柄马鞍菌（*Helvella albipes*）、棱柄马鞍菌（*H. lacunosa*）等；羊肚菌属真菌，如梯棱羊肚菌（*Morchella importuna*）、粗腿羊肚菌（*M. crassipes*）等；线虫草属真菌，如冬虫夏草（*Ophiocordyceps sinensis*）、蝉花虫草（*O. cicadicola*）。

担子菌门的菌物通常称为担子菌。相比于子囊菌的数量，担子菌数量较少，但担子菌绝大多数能形成肉眼可见的子实体，包括常见的蘑菇类（如双孢蘑菇 *Agaricus bisporus*）、牛肝菌类（如美味牛肝菌 *Boletus edulis*）、腹菌类（如马勃 *Lycoperdon* sp.）、胶质类（如银耳 *Tremella fuciformis*）、多孔菌类（如灵芝 *Ganoderma* sp.）等，也包括部分小型菌（如锈菌*Puccinia* sp.、黑粉菌*Ustilago* sp.等）。担子菌与子囊菌最明显的不同是产孢结构及孢子。如同子囊菌一样，担子菌绝大多数孢子的形成也经历了质配、核配及减数分裂。通常每个担子可以形成4个单核的孢子。部分担子菌，如双孢蘑菇可以形成2个孢子。故成熟的担子菌的孢子可以是单核的也可以是双核的。不同种类大型真菌孢子的大小、形状、颜色、纹饰、细胞壁厚薄等具有很大的不同。例如，蜡蘑属真菌，孢子圆形，附属结构是针状的小刺；红菇属真菌，孢子椭圆形，大多具隆起的沟脊；蘑菇属真菌，孢子深棕色；鹅膏属真菌，孢子白色，但部分种类孢子壁具有淀粉质反应等。担子菌是菌物中重要的类群，包括诸多有害或有益的种类。在病害方面，如导致小麦黑粉病及锈病的真菌，其能够引起小麦大面积减产或绝收；在食用菌方面，如蜜环菌*Armillaria mellea*，是我国东北地区常见的一种真菌，与天麻形成偏利共生关系。在广西较为常见的食用菌包括与白蚁共生的鸡枞菌，目前，鸡枞菌在广西记录的有5种；红椎菌（现定中文名为灰肉红菇，拉丁名为*Russula griseocarnosa*）与栲属植物共生后，才能形成子实体，是浦北县特色的食用菌，是广西地区的国家地理标志产品。融水灵芝是广西柳州市特产，是中国地理标志农产品；天峨县的奶浆菌（中文名为松乳菇）与松树共生，在当地是著名的食用菌。但总体来讲广西针对野生食用菌的采食种类不多。

目 录

第一章

绪 论

第一节 大型真菌资源研究现状

真菌是一类物种多样性较高，在地球上具有重要作用的生物类群，是自然界物质循环中重要的分解者（李玉，2015）。真菌在陆地生态系统中的作用最为突出，如：生态恢复（Seen-Irlet et al.，2007）、营养流动、物种互作及生态系统演化（Varese，et al.，2011；Pecoraro et al.，2014）等。此外，真菌具有重要的食用和药用价值（李玉，2013）。

大型真菌是一类肉眼可见、徒手可采，能够形成大型子实体的一类真菌（Kirk et al.，2008）。依据大型真菌的生态位及其营养方式，可以分为3个大的类群，即腐生菌、寄生菌和共生菌（李玉，2013）。大部分大型真菌属于腐生菌或共生菌（菌根菌），但部分大型真菌是植物病原菌（如玉米黑粉菌、大麦黑粉菌）（李玉，2015）。依据大型真菌的形态学特征，可以分为“gilled fungi”“cup fungi”“bracket fungi”“puffballs”“truffles”等几个形态学类群（Tsing，2015）或者可以分为“大型子囊菌”“胶质菌”“珊瑚菌”“多孔菌、齿菌及革菌”“鸡油菌”“伞菌”“牛肝菌”“腹菌”“作物大型病原真菌”等（李玉，2015）。

生物多样性是地球上各种生物经过长期演化的结果，是人类赖以生存的基础（夏铭，1999）。尽管地球上的物种数量高达1 000万～3 000万种之多（Erwin，1983），但生物多样性分布并不均匀，热带森林生物多样性较高，而沙漠生物多样性较低。在真菌数量方面，目前人们公认的真菌数量是150万种，其数量来源于一定区域内维管束植物与真菌的比例（Hawksworth，2001）。但依据土壤真菌与维管束植物的比例，真菌的数量约为510万种（O’Brien et al.，2005），甚至更高约600万种（Taylor et al.，2014）。自1943年以来，全球已知真菌总数约为11万种，隶属于9 200余属（戴玉成，2015），但仅约7万种具有详细的形态学描述（Hawksworth，1991；卯晓岚，1998；姚一建等，2002）。《真菌词典》第十版共记载了97 861种真菌，其中，子囊菌门64 163种，担子菌门31 515种。但目前已知真菌数量占真菌总数的不到十分之一，且大多数已知真菌来源于温带地区（Hawksworth 2001）。虽然热带地区真菌的生物多样性最高，但由于研究深度和广度严重不足，造成已知真菌中热带地区真菌数量较少，而温带地区的真菌数量较多的不正常现象（张树庭，2002；Hawksworth，2004）。根据真菌与维管束植物的比例［（4～6）：1］（Hawksworth，1991；Hawksworth，2001），我国真菌总数应该在12万～24万种（张树庭，2002）。中国目前鉴定的真菌1.7万种，占世界真菌总数的16%，且每年增加新种数量约120种（戴玉成 2015）；在全球已知菌物物种中，自中国发现的新物种有10 233种，隶属于572科，2 379属，居世界第二位（王科等，2023）。

第二节　大型真菌分类学研究现状

真菌分类学是指关于真菌鉴定、分类和命名的原理和方法的学科（李玉，2015）。在1729年《植物新属》中提出了真菌分属检索表，标志着真菌学的诞生，部分属（如*Polyporus*、*Tuber*等）仍沿用至今（邵力平，1984）。林奈提出双命名法规，并初步描述了*Agaricus*、*Hydnum*、*Lycoperden*、*Peziza*等属，被认为是现代真菌分类命名的起点。传统的真菌分类主要是依据形态学，结合微观结构、个体发育等来鉴定真菌。伴随着生物化学、分子生物学、遗传学和生物显微技术的快速发展，真菌分类学已由仅依据传统的经典形态学特征分类方法，发展到分子系统发育与演化和传统形态分类并存，进而人们对真菌的认识和描述也会更加的准确。目前，DNA条形码（ITS、LSU、SSU等）技术已经在真菌分类研究中得到了广泛的应用。其中，ITS表现出比其他基因片段具有更好的分类效果。ITS基因片段可以用White等依据真菌的rDNA的特点设计出3种通用引物扩增（White and Bruns et al., 1990）；而后ITS1-F和ITS4-B引物的出现，能够对真菌尤其是担子菌ITS片段的扩增具有更强的特异性（Gardes，Bruns 1996）。但仅基于ITS序列区分亲缘关系较近的物种可能会出现一定的缺陷（Stockinger et al.，2010）。

多基因谱系一致性系统发育学物种识别方法（Genealogical Concordance Phylogenetic Species Recognition，GCPSR）的应用，可进一步解决在同一属内物种之间分类的困难（Taylor et al.，2000）。

第三节　国内外大型真菌研究现状

虽然，国外对大型真菌的认识和研究较早，研究方向也包罗万象，如大型真菌的发生与植被群落的相关性（Wilkins W H，1937）、单一植被类型下大型真菌的发生情况（Young，1997；Borhani et al.，2010；O'Hanlon，Harrington，2012）、大型真菌中外生菌根菌的分布及发生情况（Byrd et al. 2000；Buée et al.，2011）以及大型真菌分布和资源调查（Enow et al.，2013；Kawale et al.，2014；Angelini et al.，2015）等。但是，中国学者不仅对大型真菌的认识较早，而且对大型真菌的研究也较为全面详细。比如大型真菌的物种多样性调查（王云等，1984；毕国昌等，1989；图力古尔等，1999；李泰辉等，2004；吴兴亮等，2004；卢维来等，2015；李传华等，2016）、菌物地理学研究（图力古尔等，1997；宋斌等，2001；巴图等，2005；杜习慧等，2014）、大型真菌与气候条件的相关性（图力古尔等，2001；祁亮亮，2012）、系统学分析（林晓民，2004；刘伟等，2010；杜习慧等，2014；祁亮亮，2016）、驯化栽培（图力古尔等，2008；赵琪等，2009；范宇光，2010；祁亮亮等，2011；王守现等，2014）等方面，为进一步系统研究大型真菌奠定了坚实的基础。

第二章

广西大型真菌研究概况

第一节 广西大型真菌研究历史及现状

目前，广西对大型真菌资源及生态调查的研究较多，逐步明晰了广西大型真菌资源。早在1980年，陈思华等报道了广西担子菌58种（陈思华等，1980）。随后1983年，魏秉刚进一步调查了广西大型真菌，报道担子菌82种，其中，中国新记录1种，广西新记录29种（魏秉刚，1983）。而后广西大型真菌的研究几乎处于停滞状态。21世纪以来，吴兴亮、李泰辉、宋斌等逐步完成了广西岑王老山自然保护区（吴兴亮等，2004）、广西花坪国家级自然保护区（吴兴亮等，2009）、广西防城金花茶国家级自然保护区（吴兴亮等，2009）、广西九万山自然保护区（吴兴亮等，2009）、广西十万大山国家级自然保护区（吴兴亮等，2009）、广西金钟山自然保护区（谢国来等，2009）、广西邦亮自然保护区（吴兴亮，2011）、广西大明山自然保护区（陈振妮等，2014）以及广西乐业县（邓春英等，2014）等大型真菌资源调查及生态分布的研究，近几年，祁亮亮等（2017）报道了广西弄岗国家级自然保护区木生大型真菌92种，其中，广西新记录14种；黄福常等报道了采自弄岗国家级自然保护区的柄杯菌属真菌4种（黄福常等，2017）。据《中国广西大型真菌》统计广西的大型真菌约有1 145种，其中，子囊菌163种，担子菌983种（吴兴亮等，2021）。

依据中国大型菌物的水平分布特点，参考《中国自然地理》对中国植被地区区域的划分，我国大型菌物可以分为7个大的分区。分别为东北地区（Ⅰ）、华北地区（Ⅱ）、华中地区（Ⅲ）、华南地区（Ⅳ）、内蒙古地区（Ⅴ）、西北地区（Ⅵ）和青藏地区（Ⅶ）（李玉等，2015）。广西壮族自治区依据上述划分方法，分为了两个区域：华中地区与华南地区。虽然华南地区是全球生物多样性热点地区（Indo-Burma Biodiversity Hotspot，中缅生态热点地区），但是，相比其他物种以及其他地区，本地区大型真菌的研究相对薄弱，中越边境大型真菌鲜有系统报道。

第二节 喀斯特地区大型真菌研究概况

中国西南喀斯特地区是全球三大喀斯特集中分布区中面积最大、岩溶发育最强烈的地区，也是生态环境最脆弱的地区之一（Yuan et al.，2008）。原始生境下的喀斯特森林是生态重建工程中重要的生态参考系统。而且，喀斯特森林特殊的生态环境为大型真菌的生长提供了特殊的、相对适宜的生境。

依据文献记载，对于我国喀斯特地区大型真菌的研究较少。早期的报道多是研究贵州茂兰喀斯特森林，共发现药用真菌73种（蒋平等，1991）、非褶菌物105种（吴兴亮等，2002）、大型真菌共163种（李泰辉等，2004）。而后，杨选文等（2013）进一步调查了贵州茂兰喀斯特林区大型药用真菌，共发现73种。值得一提的是，吴兴亮等研究了云南、贵州和广西交界喀斯特地区大型真菌，共发现大型真菌526种（李泰辉等，2004），该地区记录的虫草属真菌40种（朱国胜等，2004）。

目前，针对广西喀斯特地区大型真菌的调查较少且不系统。初步统计，学者对广西岑王老山、罗城县鱼西林场、三防镇清水塘、三防镇杨梅坳、三防镇久仁、三防镇保护站场部等（李泰辉等，2004；吴兴亮等，2004）喀斯特地区的大型真菌进行了研究，共计发现大型真菌386种。但上述地区均属于华中地区（Ⅲ），对于华南喀斯特地区大型真菌的系统研究仍然相对滞后。

由于喀斯特地区生态系统具有相对抗干扰能力弱，易受破坏退化，群落的恢复演替缓慢，生态系统恢复困难等特点（李先琨等，2003；胡宝清等，2004），因此，探究喀斯特森林大型真菌的发生及其生态对构建完善且相对稳定的喀斯特生态系统具有重要作用。中越边境是喀斯特地貌分布较为集中的地区，因此，对中越边境喀斯特地区进行大型真菌资源调查及分类学等研究意义重大。

第三节 广西喀斯特地貌大型真菌多样性研究的意义和方法

一、研究意义

物种多样性是生物多样性的基石，是在物种水平上的生物多样性，自1943年Fisher等首次提出物种多样性概念以来，生物学家们在有关物种多样性的研究或相关研究上已经做了大量工作（Fisher et al. 1943）。早期学者对生物的物种多样性研究主要集中在动植物以及少量的微生物，而对于大型真菌，人们将其当成植物来研究，统称为真菌植物，直到1866年三界系统的提出以后，才开始把大型真菌从植物中独立出来。1938年，四界系统的提出，正式将真菌作为一个独立的分支进行研究。

广西中越边境喀斯特森林属北热带喀斯特季节性雨林，是具有国际意义的陆地生态系统多样性关键地区之一。大型真菌作为陆地生态系统中重要的组成成分，与喀斯特森林的稳定性具有密切关系。由于喀斯特森林植被群落结构多样，树种组成丰富，特有成分突出，故可作为研究大型真菌特有属种的热点地区。该区大型真菌在分区上属于中国华南地区，但目前对该区喀斯特森林大型真菌系统性研究尚处于起步阶段；鉴于喀斯特地区生态系统抗干扰能力弱，生态环境易受破坏且生态恢复较困难等特点，探讨该区喀斯特森林大型真菌的资源及其分类学具有重要意义，研究结果有利于进一步挖掘喀斯特地区大型真菌的物种多样性，丰富中国大型真菌及广西地区已知大型真菌资源，从而为食用菌种质资源的合理利用、驯化栽培、保护保育、为建立健全李玉院士提出的“一区一馆五库”（即：一区，菌物保育区；一馆，菌物标本馆；五库，菌种库、菌体库、遗传物质库、有效化合物成分库、综合信息库）以及为广西喀斯特地区大型真菌的研究提供材料及进一步利用奠定基础。

二、研究材料

本书描述的喀斯特地貌大型真菌的研究材料为笔者及团队成员野外调查收集得到的大型真菌子实体、生态照片、生态记录等。凭证标本均存放于国家农业环境微生物种质资源库（广西），广西壮族自治区农业科学院微生物研究所菌物标本馆内。

三、研究方法

真菌的分类，是以真菌的形态学、细胞学、生理学和生态学等特征为根据，尤其是以有性生殖阶段的形态特征为主要依据。对大型真菌的研究主要采用传统形态学鉴定的方法。对采集得到的1 500余份标本主要形态特征进行记录，宏观形态如：菌盖颜色、形状、是否有附属物等；菌柄形态，着生方式，是否有附属结构；菌褶或菌孔形态、颜色等。微观形态如：菌丝特征、菌盖皮层特征、菌柄菌髓特征、子实层特征及孢子、担子及囊状体（侧囊体、缘囊体、盖囊体以及柄囊体等）特征等。

主要鉴定方法：宏观特征、微观显微特征、大型真菌组织结构与相关化学试剂反应相结合的方法。宏观特征主要依据是干标本特征、野外生态记录、野外原位生态照片等。微观特征主要依据干标本部分组织分别置于ddH_2O、3%或5%的KOH、Melzer试剂、$FeCl_3$溶液等而用显微镜观察。其中，孢子大小是随机测量30个孢子的平均值±标准差。

濒危等级判断主要依据：《〈中国生物多样性红色名录——大型真菌卷〉评估报告》和《中国生物多样性红色名录——大型真菌卷》。

四、研究区域

本研究区域主要包括龙州县、宁明县、扶绥县、凭祥市、大新县、上思县、东兴市、那坡县、靖西市等地的自然保护区、林场、森林公园等。

第三章

广西中越边境喀斯特地貌大型真菌

第一节　子囊菌门

【学　名】*Calycina citrina*（Hedw.）Gray

【中文名】橘色小双孢盘菌

【宏观特征】

子实体小型。子囊盘球形，光滑，亮黄色，浅杯状或盘状。内表面光滑，亮黄色，外表面淡黄色，子囊盘干后皱，暗橘棕色。菌柄有或无。无独特的味道和气味。

【是否有毒】

未知。

【生境】

夏季散生或群生于阔叶树腐木上。

【濒危等级】

数据缺乏（DD）。

【学　名】*Cookeina insititia*（Berk. & M. A. Curtis）Kuntze

【中文名】大孢毛杯菌

【宏观特征】

子囊果深杯状，成熟后杯形至深杯形。子实层表面奶油色、近肉色。子层托粉红色、奶油色，盖缘被毛。菌柄长，幼时弯曲，成熟后直立，中生，与子囊果同色。

【是否有毒】

未知。

【生境】

夏秋单生或散生于阔叶木腐木上。

【濒危等级】

数据缺乏（DD）。

【学　名】*Cookeina tricholoma*（Mont.）Kuntze

【中文名】毛缘毛杯菌

【宏观特征】

子囊果幼时深杯状，成熟后杯形至深杯形。子实层表面橘红色、淡橘红色，偶粉红色，后期黄褐色。子层托色稍淡，被长毛。菌柄中生，与子囊果同色。

【是否有毒】

未知。

【生境】

夏秋单生或散生于阔叶木腐木上。

【濒危等级】

数据缺乏（DD）。

【学　名】*Cordyceps tenuipes*（Peck）Kepler，B. Shrestha & Spatafora

【中文名】细脚虫草

【宏观特征】

子座常单生，着生于虫体周身。可见明显的头部和柄部。头部棍棒状，白色。柄部较细，中空，淡黄色至浅棕色，不规则扭曲。菌柄菌肉白色。

【是否有毒】

未知。

【生境】

着生于若虫虫体上。

【濒危等级】

数据缺乏（DD）。

【学　名】*Daldinia concentrica*（Bolton）Ces. & De Not.

【中文名】黑轮层炭壳

【宏观特征】

子座扁球形至不规则球形，群生多相互连接，初褐色至略紫红褐色，后黑褐色至黑色，近光滑，成熟时出现不明显的子囊壳孔口。子座内部木炭质，剖面有黑白相间或部分几乎全黑色至紫蓝黑色的同心环纹。

【是否有毒】

否。具有一定药用价值。

【生境】

常见于阔叶木腐木或腐朽的树皮或树桩上。

【濒危等级】

无危（LC）。

【学　名】*Dicephalospora rufocornea*（Berk. & Broome）Spooner

【中文名】橙红二头孢盘菌

【宏观特征】

子实体小型。子囊盘较小，盘形或近盘形。子实层表面橘红色、橘黄色至暗黄色。囊盘被橘黄色至近白色。菌柄较短，中生，淡黄色，基部偶暗褐色。

【是否有毒】

未知。

【生境】

夏秋季散生于阔叶树腐木上。

【濒危等级】

数据缺乏（DD）。

【学　名】*Helvella elastica* Bull.

【中文名】马鞍菌

【宏观特征】

子实体小型。子囊盘小，马鞍形，幼时灰白色、蛋壳色，成熟后灰蜡黄色至灰褐色或近黑色。子实层表面平滑，常弯曲，边缘与菌柄分离。菌柄圆柱形，偶略扁，幼时白色，成熟后渐变蛋壳色、灰白色至灰色。

【是否有毒】

未确定。据记载可食，但也有中毒的记录，不建议采食。

【生境】

夏秋季单生或散生于阔叶林地上。

【濒危等级】

数据缺乏（DD）。

【学　名】*Helvella ephippium* Lév.

【中文名】灰褐马鞍菌

【宏观特征】

子囊果小型，一般为马鞍形或不规则的马鞍形，偶圆盘形，灰色至灰褐色或近黄褐色，表面略光滑。囊盘被幼时颜色稍浅，近灰白色，老后与盖面同色，粗糙，边缘与柄不连接。菌柄圆柱形，平滑，幼时与菌盖同色表面稍粗糙，老后灰白色，表面粗糙不明显，实心。

【是否有毒】

未知。

【生境】

夏季单生或散生于阔叶林地上。

【濒危等级】

数据缺乏（DD）。

【学　名】*Isaria cicadae* Miq.

【中文名】蝉棒束孢

【宏观特征】

子囊果由从蝉蛹头部长出的孢梗束组成，一根至多根。虫体表面棕黄色，被灰色或白色菌丝包被。子囊果上部呈长椭圆形、椭圆形、纺锤形或短穗状，具大量白色粉末状分生孢子；不育菌柄黄色至黄褐色。

【是否有毒】

否。属食药用菌。

【生境】

生于蛹上，属虫菌结合体。

【濒危等级】

数据缺乏（DD）。

【学　名】*Leotia lubrica*（Scop.）Pers.

【中文名】黄柄锤舌菌

【宏观特征】

子实体小型。子囊盘较小，帽形至扁半球形。子实层表面近橄榄色，有不规则皱纹。菌柄近圆柱形，稍黏，黄色至橙黄色，被同色细小鳞片。

【是否有毒】

未知。

【生境】

夏秋季群生于针阔混交林中地上。

【濒危等级】

数据缺乏（DD）。

【学　名】*Ophiocordyceps formicarum*（Kobayasi）G. H. Sung，J. M. Sung，Hywel-Jones & Spatafora

【中文名】蚁生线虫草

【宏观特征】

子座常单生，着生于蚂蚁的头部或胸部，细，长，弯曲。头部长椭圆形至短圆柱形，新鲜时橙红色或橙黄色，老后黄色，干后浅黄色。柄圆柱形，较长，常不规则弯曲，纤维状肉质，下部淡黄色、柠檬黄色，上部黄色至亮黄色、橙黄色。

【是否有毒】

未知。

【生境】

着生于蚂蚁上。

【濒危等级】

无危（LC）。

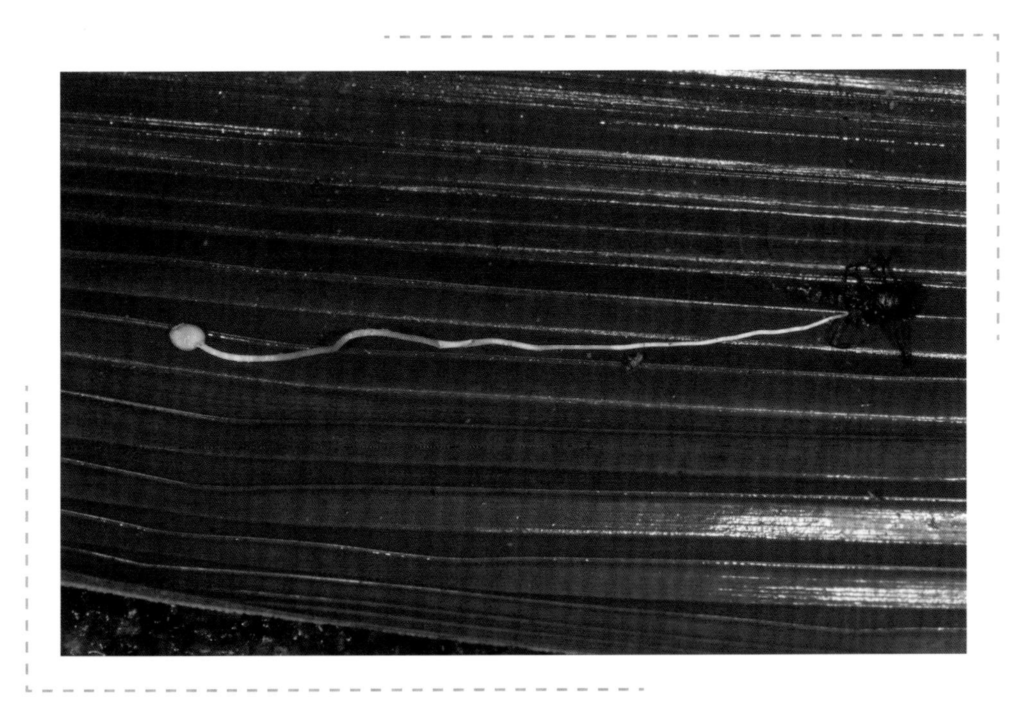

【学　名】*Ophiocordyceps nutans*（Pat.）G. H. Sung，J. M. Sung，Hywel-Jones & Spatafora

【中文名】下垂线虫草

【宏观特征】

子座常单生，偶2～3个子座，着生于虫体胸部。地上分为头部和柄部。头部长椭圆形至短圆柱形，新鲜时橙红色或橙黄色，老后黄色，干后浅黄色。菌柄较长，常不规则弯曲，纤维状肉质，黑色至黑褐色，有金属光泽。菌柄菌肉白色。

【是否有毒】

否。据记载本种具有药用价值。

【生境】

着生于半翅目昆虫。

【濒危等级】

无危（LC）。

【学　名】*Ophiocordyceps sobolifera*（Hill ex Watson）G. H. Sung，J. M. Sung，Hywel-Jones & Spatafora

【中文名】多座线虫草

【宏观特征】

子座常单生，着生于虫体头部。虫体埋于土内，地上部分可见明显的头部和柄部。头部棍棒状，新鲜时红棕色。柄部较长，中空，幼时淡粉橙色，老后黄色至棕色，不规则扭曲，中部常具结节。菌柄菌肉白色。

【是否有毒】

否。据记载本种具有药用价值。

【生境】

着生于蝉的若虫。

【濒危等级】

无危（LC）。

【学　名】*Perilachnea hemisphaerioides*（Mouton）Van Voore

【中文名】拟半球长毛盘菌

【宏观特征】

子囊盘小型，幼时半球形至坛状，脆骨质，成熟后杯形或不规则碗状，边缘具棕色茸毛，内卷。无柄，偶基部相连。子实层表面白色至灰白色，偶稍略带蓝色。囊盘被与边缘具棕色茸毛。茸毛深棕色，厚壁，分隔，尖端渐细。

【是否有毒】

未知。

【生境】

夏秋季单生或群生于地上，偶着生于土壤剖面。

【濒危等级】

数据缺乏（DD）。

【学　名】*Phillipsia domingensis*（Berk.）Berk. ex Denison

【中文名】歪盘菌

【宏观特征】

子实体小型，子囊盘浅盘状、浅杯状，成熟后偶盘状，红色至暗红色、大红色，具粗壮基部。

【是否有毒】

未知。

【生境】

春季单生于阔叶树腐木上。

【濒危等级】

数据缺乏（DD）。

【学　名】*Podosordaria nigripes*（Klotzsch）P. M. D. Martin

【中文名】黑柄炭角菌（巴西炭角菌、乌灵参、鸡茯苓）

【宏观特征】

子座地上部分长5～12 cm，直径0.4～0.8 cm，不具或偶具分枝，一般呈棒球棒形，顶部钝圆，灰白色至乌黑色，新鲜时革质，老后木栓质或木质。上部粗糙，下部光滑，地下部分常具假根状。

【是否有毒】

否。具有药用价值。

【生境】

夏季生于阔叶林地上，基部常与白蚁巢相连。

【濒危等级】

数据缺乏（DD）。

【学　名】*Scutellinia erinaceus*（Schwein.）Kuntze

【中文名】刺盾盘菌

【宏观特征】

子实体小型。子囊盘幼时球形或近球形，渐展开呈盘形，密布褐色刺状刚毛。子实层表面橙红色。囊盘被基本同色，被褐色刚毛。刚毛厚壁，有横隔。

【是否有毒】

未知。

【生境】

夏秋季群生于阔叶树腐木上。

【濒危等级】

数据缺乏（DD）。

【学　名】*Trichaleurina javanica*（Rehm）M. Carbone，Agnello & P. Alvarado

【中文名】爪哇盖尔盘菌

【宏观特征】

子囊盘陀螺形，无柄，向下渐细。子实层表面灰黄色、灰褐色至深褐色，中部颜色较深，边缘略锐。囊盘被褐色至暗褐色，表面具褐色至烟色细茸毛，被细小颗粒。菌肉（盘下层）具明显胶质。

【是否有毒】

否。可食用，但慎食。

【生境】

夏秋季生于腐木上。

【濒危等级】

数据缺乏（DD）。

【学　名】 *Trichoglossum hirsutum*（Pers.）Boud.

【中文名】 毛舌菌

【宏观特征】

子实体小型，黑色，舌形，具细柄或棒状柄，可育部分和不育菌柄有刚毛，外观绒状。可育部分较扁平。不育菌柄近圆柱形。

【是否有毒】

未知。

【生境】

单生或散生、群生于阔叶林地上或苔藓上。

【濒危等级】

数据缺乏（DD）。

【学　名】*Xylaria carpophila*（Pers.）Fr.

【中文名】果生炭角菌

【宏观特征】

子座一个或数个，不分枝，有纵向皱纹，内部白色，头部近圆柱形，顶端有不孕小尖。具菌柄，基部有茸毛。子囊壳球形，埋生，孔口疣状，外露。子囊呈圆筒形。

【是否有毒】

未知。

【生境】

常生于植物果实硬壳上。

【濒危等级】

数据缺乏（DD）。

【学　名】*Xylaria cubensis*（Mont.）Fr.

【中文名】古巴炭角菌

【宏观特征】

子实体小型，子座不分枝，棒形，顶端钝，可育，表面灰褐色、铜褐色至褐黑色，幼时内部白色，成熟后变黑。子囊壳卵球形，孔口明显，偶不明显。

【是否有毒】

未知。

【生境】

常生于阔叶树腐木或枯树枝上。

【濒危等级】

数据缺乏（DD）。

【学　名】*Xylaria filiformis*（Alb. & Schwein.）Fr.

【中文名】绒座炭角菌

【宏观特征】

子囊果单生或散生，不具分枝。表面深棕色至黑色，皱，粗糙，无茸毛。子囊果顶部圆柱形。子囊壳埋生子座内。子囊椭圆形。孢子透明，光滑。

【是否有毒】

未知。

【生境】

常生于阔叶木腐木或阔叶树果实上。

【濒危等级】

数据缺乏（DD）。

【学　名】*Xylaria longipes* Nitschke

【中文名】长柄炭角菌

【宏观特征】

子座小或中等，呈棒状或柱状，往往数个在基部相连接，不分枝，高3 ~ 12 cm，顶部钝圆，表面幼时白色，老后暗褐色至褐黑色，多皱，粗糙。柄部呈圆柱形。子囊壳埋生于子座内，球形，孔口似黑点。子囊圆筒形。孢子暗褐色，不等边椭圆形或近似肾形，光滑。

【是否有毒】

未知。

【生境】

常生于阔叶树腐木或枯树枝上。

【濒危等级】

数据缺乏（DD）。

【学　名】*Xylaria tabacina*（J. Kickx f.）Berk.

【中文名】黄色炭角菌

【宏观特征】

子实体小型或中型，较高，幼时黄色至土黄色，老后茶褐色；幼时表面近光滑，具不规则细微凹痕，老后多褶皱。皮壳内侧有白色肉质层，头部棒状或椭圆形。菌柄圆柱形。子囊壳埋生，孔口不明显。

【是否有毒】

未知。

【生境】

夏季散生于阔叶树腐木上。

【濒危等级】

数据缺乏（DD）。

【学　名】*Xylosphaera ianthinovelutina*（Mont.）Dennis

【中文名】毛鞭炭角菌

【宏观特征】

子囊果细长，无分枝，尖长棍棒形，子座灰白色或白色，顶部尖，新鲜时革质，干后木质，可育部分表面粗糙。不育基部颜色较深，近光滑至稍有皱褶。

【是否有毒】

未知。

【生境】

夏季散生于阔叶树腐木上。

【濒危等级】

无危（LC）。

第二节 担子菌门

【学　名】*Agaricus campestris* L.

【中文名】四孢蘑菇

【宏观特征】

子实体中性。菌盖半球形至扁半球形，成熟后平展，白色、粉白色或苍白色，具白色绢丝状鳞片，边缘具菌幕残留。菌肉白色，伤不变色。菌褶离生，稍密，不等长，成熟后深粉红色至棕色，而后黑色、黑褐色。菌柄圆柱形，等粗，具膜质菌环，上位，菌环以上菌柄深棕色，下部白色或与菌盖同色。气味和味道与双孢蘑菇相似。

【是否有毒】

否。

【生境】

夏季生于阔叶林腐殖质上。

【濒危等级】

数据缺乏（DD）。

【学　名】*Agaricus crocopeplus* **Berk. & Broome**

【中文名】番红花蘑菇

【宏观特征】

子实体小型至中型。菌盖幼时近半球形，成熟后近平展，具橙红色长茸毛或丛毛状鳞片，边缘具菌幕残留。菌肉白色或污白色，后呈淡褐色。菌褶离生，稍密，不等长，幼时污白色至淡褐色，老后褐色。菌柄圆柱形，老后空心，覆有与菌盖同色的长茸毛。菌环上位，不典型，与菌盖鳞片同质。

【是否有毒】

未知。

【生境】

夏季生于阔叶林混交林地上。

【濒危等级】

无危（LC）。

【学　名】*Agaricus moelleri* Wasser

【中文名】细褐鳞蘑菇

【宏观特征】

子实体中到大型。菌盖透镜形至近平展，灰褐色，中部色深，呈深灰褐色，不黏，被褐色或灰褐色鳞片，中部鳞片较多，肉质，边缘整齐或稍波浪状，幼时有白色菌幕残留，老后易消失。菌肉白色，伤不变色，较厚。菌褶红褐色，不等长，离生。菌柄中生，圆柱形至近棒状，常弯曲，具明显白色或浅灰褐色绒毛，基部颜色深灰褐色，略膨大；菌环白色，上位，易脱落。

【是否有毒】

未知。

【生境】

夏季生于阔叶林地上。

【濒危等级】

无危（LC）。

【学　名】*Agrocybe pediades*（Fr.）Fayod

【中文名】平田头菇

【宏观特征】

子实体小。菌盖初期半球形至扁半球形，后期扁平，顶部稍凸，湿润时稍黏，光滑，土黄色至褐黄色，中部褐色，边缘平滑无条纹。菌肉浅土黄色，薄。菌褶初期淡黄褐色，后期褐色至暗褐色，直生，不等长，较宽，稍稀。菌柄近圆柱形，下部有时弯曲，基部稍膨大，同盖色或浅，有纤毛状细鳞片，内部松软至空心。孢子印锈褐色。

【是否有毒】

未知。

【生境】

夏季生于阔叶林混交林地上或禾本科植物上。

【濒危等级】

无危（LC）。

【学　名】*Amanita fritillaria*（Sacc.）Sacc.

【中文名】格纹鹅膏

【宏观特征】

菌盖小型至中型，浅灰色、褐灰色，具辐射状隐生纤丝条纹，具深灰色至近黑色锥形鳞片。菌柄白色至污白色、淡黄白色，被灰色至褐色鳞片，基部球形、近球形、短梭形，被有深灰色、鼻烟色至近黑色块状鳞片。菌环上位。

【是否有毒】

是。据记载有微毒，但不能食用。

【生境】

夏季单生或散生于针叶林或针阔混交林地上。

【濒危等级】

无危（LC）。

【学　名】*Amanita sinensis* Zhu L. Yang

【中文名】中华鹅膏

【宏观特征】

菌盖初钟形、半球形，后扁半球形至平展，边缘有较明显棱纹，灰白色至灰色，菌盖表面被灰色、深灰色至灰褐色菌幕，可在菌盖表面形成疣状至颗粒状鳞片，近盖边缘呈小疣状至絮状，易脱落。菌肉较薄，白色。菌褶离生至近离生，较密，不等长，白色。菌柄近圆柱形至圆柱形，上部白色至浅灰白色，下部污白色至浅灰色，具浅灰色、灰色至深灰色易脱落的粉末状至絮状鳞片，基部棒状，常有较长呈假根状。菌环顶生至近顶生，膜质，易脱落。

【是否有毒】

未知。据记载，本菌不合理烹饪后有轻微中毒迹象，但民间采食较多。

【生境】

夏季或初秋生于针阔混交林地上。

【濒危等级】

无危（LC）。

【学　名】*Amanita sychnopyramis* Corner & Bas

【中文名】残托鹅膏

【宏观特征】

菌盖平展，浅褐色至深褐色，具白色至浅灰色的角锥状至圆锥状鳞片。菌肉白色，伤不变色。菌褶离生，不等长，白色。菌柄圆柱形，基部膨大呈近球形至腹鼓状，被疣状、小颗粒状至粉末状的菌托。菌环中下位至中位。

【是否有毒】

是。

【生境】

夏秋季生于阔叶林地上。

【濒危等级】

无危（LC）。

【学　名】*Amanita virgineoides* Bas

【中文名】锥鳞白鹅膏

【宏观特征】

菌盖近半球形，后期平展，白色，有白色圆锥状到角锥状鳞片，边缘常常悬垂有絮状物；菌肉白色；菌褶离生到近离生，白色至米色；菌柄近圆柱形向上渐细，白色，被白色絮状到圆锥状鳞片，实心，基部膨大，白色疣状菌幕残留，呈环纹状。菌环白色，膜质，上表面有辐射状沟纹，易消失。

【是否有毒】

是。

【生境】

夏秋季生于阔叶林地上。

【濒危等级】

无危（LC）。

【学　名】*Amauroderma amoiense* J. D. Zhao & L. W. Hsu

【中文名】厦门假芝

【宏观特征】

子实体小型至中型，一年生。菌盖近圆形或半圆形或不规则形，浅褐色至暗褐色，无光泽，有深浅相间的沟棱，具同心环纹，无辐射状射纹，边缘完整或瓣裂。菌肉灰褐色至黑色。菌管面幼时灰白色，老后暗褐至黑褐色，触摸或伤变红色或血红色，孔口近圆形。菌柄柱形或扁圆形，与菌盖同色，侧生。

【是否有毒】

未知。

【生境】

夏秋季单生于阔叶树腐木上。

【濒危等级】

数据缺乏（DD）。

【学　名】*Amauroderma guangxiense* J. D. Zhao & X. Q. Zhang

【中文名】广西假芝

【宏观特征】

子实体中型。子实体一年生，菌盖圆形、近圆形，偶见半圆形，光滑，紫褐色到黑色，具似漆样光泽，边缘幼时白色，老后略带红褐色，有稀疏同心环纹，褶皱明显，边缘稍薄，钝，完整，稍具波浪，具不孕环带。菌肉褐色到栗褐色。菌管淡褐色至褐色；孔表面淡褐色，老后褐色，管口近圆形。菌柄中生，稍偏生，圆柱形，褐色至深褐色。

【是否有毒】

否。具有一定的药用价值。

【生境】

春季生于阔叶树枯木上。

【濒危等级】

数据缺乏（DD）。

【学　名】*Amauroderma longgangense* J. D. Zhao & X. Q. Zhang

【中文名】弄岗假芝

【宏观特征】

子实体中型至大型，一年生。菌盖半圆形、圆形或不规则形，中部稍脐凹，表面黑色，具不明显的环沟和放射状纵沟，具漆样光泽，边缘白色，钝，薄，完整或稍波浪状。孔口表面白色，淡肉桂色，触摸后红色，干后黑色，圆形，边缘厚，全缘。菌肉表面壳状。菌管茶褐色。菌柄与菌盖同色，圆柱形，向下稍细，中生或偏生。

【是否有毒】

否。本种属药用真菌。

【生境】

生于阔叶林地上。

【濒危等级】

数据缺乏（DD）。

【学　名】*Anthracophyllum nigritum*（Lév.）Kalchbr.

【中文名】褐红炭褶菌

【宏观特征】

菌盖小型，肾形、近肾形、半圆形、扇形，具放射状沟纹，肉褐色至茶褐色、红褐色。菌肉薄，较韧。菌褶稀疏，较窄，部分具不完全小褶，与菌盖同色。菌柄无或很短，侧生。

【是否有毒】

未知。

【生境】

生于阔叶树腐木上。

【濒危等级】

无危（LC）。

【学　名】*Anthracoporus nigropurpureus*（Hongo）Yan C. Li & Zhu L. Yang

【中文名】黑紫红孢牛肝菌

【宏观特征】

子实体中到大型，菌盖幼时半球形，而后平展，黑褐色至紫黑色，具微茸毛和细裂纹，幼时边缘稍内卷，老后平展。菌肉伤后变粉红色，紫黑色。菌管直生至离生，近白色至带粉黄白色，菌管初期白色，老后黑褐色或紫黑色。菌柄圆柱形，黑色，有粉灰褐色细小茸毛，具明显黑色网纹。

【是否有毒】

未知。

【生境】

单生或散生于阔叶林地上。

【濒危等级】

无危（LC）。

【学　名】*Aseroe rubra* Labill.

【中文名】红星头鬼笔

【宏观特征】

子实体中型，颜色鲜艳，具多个托臂。菌柄圆柱形，中空，粉红色至红色，下部污白色带红色，向下渐细。柄的顶端与托臂连接的部分呈红色大盘状。托臂由柄顶端向外横向平展辐射，基部直径大，托臂顶端变尖成纤毛状。孢体着生于柄顶的盘状部位，黑褐色，黏，有恶臭味。菌托污白色，较规则开裂。

【是否有毒】

未知。

【生境】

单生于阔叶林地上。

【濒危等级】

数据缺乏（DD）。

【学　名】*Aureoboletus auriflammeus*（Berk. & M. A. Curtis）G. Wu & Zhu L. Yang

【中文名】金粒粉末牛肝菌

【宏观特征】

子实体中型。菌盖半球形、凸镜形至平展，菌盖边缘幼时稍内卷，成熟后，边缘钝，不黏，被橙黄色、橙色至金黄色粉末。菌肉白色，伤不变色。菌管弯生至近延生，淡黄色至黄绿色，较易与菌肉分离。孔口多角形，橙黄色带黄绿色，伤不变色。菌柄圆柱形，中下部稍膨大，基部缩小，地下部分多呈假根状，实心，肉质，具橙黄色粉末，具不明显纵条纹。

【是否有毒】

未知。

【生境】

夏秋季单生或散生于阔叶林地上。

【濒危等级】

无危（LC）。

【学　名】*Auricularia fibrillifera* Kobayasi

【中文名】脆木耳

【宏观特征】

子实体单生或群生，新鲜时胶质或软胶质，半透明，多盘状或耳状，偶菊花状，无柄或似具柄，边缘全缘，淡红棕色，干后暗棕色；不孕面具稀疏柔毛；子实层表面光滑或稍具皱褶。横切面似具髓层，位于切面中间位置。柔毛单生，无色或淡黄棕色，基部明显膨大，厚壁，具宽内腔，常具明显分隔，顶部渐尖或钝圆。

【是否有毒】

否。可以食用。

【生境】

夏季生于阔叶树倒木或腐木上。

【濒危等级】

数据缺乏（DD）。

【学 名】*Auricularia fuscosuccinea*（Mont.）Henn.

【中文名】褐黄木耳

【宏观特征】

单生至群生，新鲜时胶质，不透明，近耳状或耳状，无柄或似具柄，边缘全缘，偶呈波浪形，棕红色至深褐色。干后黄褐色至酒红棕色；不孕面具明显白色柔毛，具少量皱褶，子实层表面光滑，具皱褶。

【是否有毒】

否。据记载可食。

【生境】

夏季生于阔叶树腐木上。

【濒危等级】

数据缺乏（DD）。

【学　名】*Auricularia heimuer* F. Wu，B. K. Cui & Y. C. Dai

【中文名】黑木耳

【宏观特征】

子实体小型，新鲜时常呈耳形，偶杯状、片形或花瓣形，棕褐色至黑褐色，柔软半透明，胶质，无柄或具短柄。干后强烈收缩，变硬，脆质，湿时或浸水后迅速恢复成新鲜时形态及质地。子实层表面平滑，偶褶状隆起，深褐色至黑色。不育面与基质相连，被密短茸毛。

【是否有毒】

否。本种为著名食用菌。

【生境】

夏季单生或簇生于阔叶树倒木或腐木上。

【濒危等级】

数据缺乏（DD）。

【学　名】*Auricularia minutissima* Y. C. Dai，F. Wu & Malysheva

【中文名】小木耳

【宏观特征】

子实体小型，单生偶群生，新鲜时胶质，半透明，盘状或耳状，无柄，边缘全缘或偶浅裂，灰棕色，干后较薄，黑色。不孕面具柔毛，偶具褶皱，干后浅灰棕色；子实层表面常具皱褶，偶无皱褶，新鲜时浅棕色，干后深灰棕色至棕黑色。

【是否有毒】

否。

【生境】

单生或群生于阔叶树枯枝上。

【濒危等级】

数据缺乏（DD）。

【学　名】*Auricularia sinodelicata* Y. C. Dai & F. Wu

【中文名】中国皱木耳

【宏观特征】

子实体长2～4 cm，宽3～6 cm，无柄，耳状、扇形或贝壳状，胶质。不育面幼时具明显片状茸毛，无皱褶，老后或干后罕具茸毛，具有明显褶皱；幼时浅黄白色，老后褐色至红褐色。子实层表面具明显褶皱，具不规则网状棱纹，白色、粉色、粉褐色或褐色。

【是否有毒】

否。据记载可食。

【生境】

夏季散生、叠生或群生于阔叶树腐木上。

【濒危等级】

数据缺乏（DD）。

【学　名】*Auricularia thailandica* Bandara & K. D. Hyde

【中文名】泰国木耳

【宏观特征】

子实体小型，常单生，新鲜时胶质，半透明，圆形至杯状、耳状，棕橙色，不孕面具不规则的脊，具不明显的白色茸毛，边缘色深。子实层表面常无褶皱，偶具褶皱，新鲜时与不孕面同色，干后深灰棕色。具不明显的短柄。

【是否有毒】

否。

【生境】

单生或群生于阔叶树倒木或枯枝上。

【濒危等级】

数据缺乏（DD）。

【学　名】*Auricularia villosula* **Malysheva**

【中文名】短毛木耳

【宏观特征】

子实体单生或群生，幼时胶质或软胶质，不透明或半透明，干后半透明，杯状、盘状或耳状，无柄或似具柄，边缘全缘，偶具浅裂，黄褐色或红褐色，干后灰褐色或深褐色。不孕面具明显细柔毛，子实层表面具明显稀疏褶皱。

【是否有毒】

否。可食用。

【生境】

春季或夏季单生或群生于阔叶树腐木上。

【濒危等级】

数据缺乏（DD）。

【学　名】*Austroboletus fusisporus*（Kawam. ex Imazeki & Hongo）Wolfe

【中文名】纺锤孢南方牛肝菌

【宏观特征】

菌盖初近球形，而后半球形，后期近圆锥形至平展，中央常突起，干或稍黏，灰褐色至黄褐色，有细小鳞片；边缘下沿具灰白色菌幕残片。菌肉白色，伤不变色。菌管初粉白色或灰粉色，后淡紫红色，近柄处下凹，似离生，伤后颜色变深。孔口多角形，与菌管同色。菌柄圆柱形，湿时黏，与菌盖同色，具明显突起的纵向网纹，实心，基部具白色菌丝体。

【是否有毒】

是。

【生境】

夏秋季单生于针阔混交林地上。

【濒危等级】

数据缺乏（DD）。

【学　名】*Boletellus emodensis*（Berk.）Singer

【中文名】木生条孢牛肝菌

【宏观特征】

菌盖半球形，扁平至平展，紫红色，暗血红色至暗红色，具暗紫红色鳞片，成熟后表皮开裂，边缘有菌幕残余，内卷。菌肉淡黄色，伤变蓝。菌管与孔口黄色，稍延生，伤变蓝。菌柄圆柱形，中生，靠近菌孔处淡黄色，下部与菌盖近同色，无网纹，伤变蓝。

【是否有毒】

是。据记载有毒。

【生境】

夏季单生于阔叶林地上。

【濒危等级】

数据缺乏（DD）。

【学　名】 ***Boletus reticuloceps*** **(M. Zang, M. S. Yuan & M. Q. Gong) Q. B. Wang & Y. J. Yao**

【中文名】网盖牛肝菌

【宏观特征】

子实体中等至较大。菌盖半球形至扁半球形，菌盖直径8 ~ 16 cm，半球形，表面干燥，淡白色或红褐色、铜黑色，菌盖布满凹凸纹路。菌肉白色，不变色。菌柄柱形，基部稍膨大，内实，与菌盖同色。

【是否有毒】

否。可食用。

【生境】

夏季单生于阔叶林地上。

【濒危等级】

数据缺乏（DD）。

【学　名】*Campanella tristis*（G. Stev.）Segedin

【中文名】暗淡色脉褶菌

【宏观特征】

子实体小型。菌盖半圆形至肾形，幼时碗状，表面白色、奶油色或淡灰色，干后浅黄色或土黄色，凸凹不平，有稀疏短小柔毛，边缘幼时平展，成熟后内卷。菌肉薄，凝胶状，半透明。菌褶稀，延生，辐射状，褶间有小褶片及横脉交错排列呈网格状，白色。菌柄圆柱形，侧生或偏生，幼时与菌盖同色，成熟后上部与菌盖同色，下部黑色，具稀疏白色茸毛，基部稍膨大，无菌丝体。

【是否有毒】

未知。

【生境】

夏季散生或群生于阔叶树腐木上。

【濒危等级】

无危（LC）。

【学　名】*Candolleomyces candolleanus*（Fr.）D. Wächt. & A. Melzer

【中文名】黄盖脆柄菇

【宏观特征】

菌盖宽圆锥形，成熟后有凸起，边缘波浪形，残留有菌幕碎片；表面光滑，湿润，干燥时偶尔开裂，水浸状，浅棕色至蜜棕色，后褪色至淡黄色；菌肉薄，易碎，暗褐色；气味和味道温和。菌褶贴生到离生，密，浅灰棕色色、棕色。菌柄圆柱形，有时扭曲，中空，易碎，表面白色，光滑；菌幕易脱落。

【是否有毒】

未知。

【生境】

散生或群生于阔叶树腐木上。

【濒危等级】

数据缺乏（DD）。

【学　名】*Cantharellus cibarius* **Fr.**

【中文名】鸡油菌

【宏观特征】

菌盖初期扁平，后下凹，喇叭形，鲜杏黄色至蛋黄色，平滑，略黏，边缘波状，薄，偶龟裂，稍内卷。菌肉近白色至蛋黄色，有苦杏仁味。菌褶延生，棱褶状，窄，稀疏，具分支，褶间具横脉，偶呈网状。菌柄近中生至中生，淡黄色，光滑，实心，基部渐细，属菌根真菌。

【是否有毒】

否。可食用。

【生境】

夏季单生或散生于针阔混交林地上。

【濒危等级】

数据缺乏（DD）。

【学　名】*Cantharellus cinnabarinus*（Schwein.）Schwein.

【中文名】红鸡油菌

【宏观特征】

子实体小。菌盖薄，初扁平，后中部下凹，近似喇叭状。光滑，幼时近朱红色，老后褪色，边缘稍内卷，波状至瓣裂状，无条纹。菌肉近白色，近表皮处红色。菌褶稀，狭窄，延生，分叉，有横脉连接。菌柄同盖色，近圆柱形，常弯曲，光滑，实心，属菌根真菌。

【是否有毒】

否。可食用。

【生境】

春夏季单生或散生于针阔混交林地上。

【濒危等级】

数据缺乏（DD）。

【学　名】*Cantharellus vaginatus* S. C. Shao，X. F. Tian & P. G. Liu

【中文名】鳞盖鸡油菌

【宏观特征】

子实体小，肉质。子实体偶扁平，成熟后边缘内卷，中部肉质，边缘近膜质；幼时表皮具褐色或近褐色鳞片，老后鳞片上翘或贴生，中部鳞片较多，四周渐少，菌盖黄白色至浅黄色。菌肉中心较厚，边缘较薄。菌褶褶皱状，延生，亮黄色。菌柄近圆柱形，实心，肉质，表面具纤维状附属物，黄白色至淡黄色。气味微弱，具果味，属菌根真菌。

【是否有毒】

否。可食用。

【生境】

春夏季单生或散生于阔叶林地上。

【濒危等级】

数据缺乏（DD）。

【学　名】*Cerioporus squamosus*（Huds.）Quél.

【中文名】宽鳞蜡孔菌

【宏观特征】

子实体小型至中型。菌盖扇形至半圆形，具短柄或近似无柄，苍白色，有暗灰色鳞片。菌柄短，老后基部颜色较深，软，干后变浅色，侧生。菌管白色至淡黄白色，延生，管口辐射状排列，近长方形，多角。

【是否有毒】

否。本种具有药用价值，但食用不当可能引起腹泻。

【生境】

单生于阔叶树腐木上。

【濒危等级】

数据缺乏（DD）。

【学　名】*Chaetocalathus columellifer*（Berk.）Singer

【中文名】柱柄毛筐菌

【宏观特征】

子实体小型，侧生或倒置生长；菌盖直径1.0 ~ 1.5 cm，白色，起初半圆形至圆形，成熟后圆形，菌盖表面具白色茸毛；菌褶直生至稍延生，稀疏，褶缘平滑，具小褶。菌柄较短（一般2 ~ 3 mm）或无，幼时明显侧生，老后菌柄偏中生，圆柱形，表面具茸毛，与菌盖同色；菌盖与菌柄菌肉白色，气味和味道不明显；孢子印白色。

【是否有毒】

未知。

【生境】

夏秋季群生于阔叶树腐木上。

【濒危等级】

数据缺乏（DD）。

【学 名】*Chaetocalathus liliputianus*（Mont.）Singer

【中文名】细小毛筐菌

【宏观特征】

子实体小型。菌盖白色，幼时侧耳状，成熟后半圆至圆形，菌盖表面具白色茸毛，具凹槽状条纹；菌褶白色或奶肉色，直生。菌柄较短或无。孢子印白色。

【是否有毒】

未知。

【生境】

夏秋季群生于阔叶树腐木上。

【濒危等级】

数据缺乏（DD）。

【学　名】*Chlorophyllum molybdites*（G. Mey.）Massee

【中文名】大青褶伞

【宏观特征】

菌盖直径5 ~ 25 cm，白色，半球形，后期近平展，具褐色鳞片，中部鳞片较多，边缘少。菌肉白色，菌褶初期白色，后期铅青色。菌柄长10 ~ 30 cm，圆柱形，中生，菌环上位，上部光滑，下部略带纤毛。

【是否有毒】

是。常引起肠胃不适，对肝脏和神经系统等有一定伤害。

【生境】

夏季群生于草坪等，地生。

【濒危等级】

数据缺乏（DD）。

【学　名】*Chroogomphus tomentosus*（Murrill）O. K. Mill.

【中文名】绒毛色钉菇

【宏观特征】

子实体小型至中型。菌盖幼时近圆锥形至扁半球形，成熟后平展，中部略突起，老后下凹，浅粉黄色至淡黄褐色，中部色深，干时浅红褐色，具茸毛状放射状鳞片，湿时略黏。菌肉淡褐色、粉红色。菌褶稀，厚，延生，初期灰白色，渐变为灰色或褐色。菌柄圆柱形，浅黄棕色，实心，上部具丝膜状菌幕，消失后形成菌环痕迹。

【是否有毒】

否。可食用。

【生境】

夏秋季散生于针叶林地上。

【濒危等级】

数据缺乏（DD）。

【学　名】*Clavaria zollingeri* Lév.

【中文名】堇紫珊瑚菌

【宏观特征】

子实体密集成丛，基部常相连一起，呈珊瑚状，肉质，易碎，新鲜时呈淡紫色、堇紫色或水晶紫色，通常向基部渐褪色。基部之上分枝分为两叉或多分叉的短枝，顶部钝圆。

【是否有毒】

未知。

【生境】

夏秋季丛生或群生于针阔混交林地上。

【濒危等级】

数据缺乏（DD）。

【学　名】*Clavulinopsis aurantiocinnabarina*（Schwein.）Corner

【中文名】金肉桂拟锁瑚菌

【宏观特征】

子实体单生或散生，圆柱形，不具分枝，偶扭曲，干燥，红橙色，顶端肉桂色，顶端钝尖或尖。菌肉橙色，薄，易碎，气味和味道不明显。

【是否有毒】

未知。

【生境】

春夏季生于针阔混交林地上。

【濒危等级】

数据缺乏（DD）。

【学　名】*Clavulinopsis sulcata* Overeem

【中文名】沟纹拟锁瑚菌

【宏观特征】

子实体单生或散生，偶基部相连，呈珊瑚状，肉质，易碎，新鲜时呈红色或暗红色，老后基部颜色稍深。顶部不具分叉，或偶具两叉短枝，顶部钝圆。

【是否有毒】

未知。

【生境】

春夏季生于针阔混交林地上。

【濒危等级】

数据缺乏（DD）。

【学　名】*Clitopilus crispus* Pat.

【中文名】皱波斜盖伞

【宏观特征】

子实体小型，菌盖幼时扁半球形，老后扁平至稍中部凹陷，白色至淡粉白色，边缘呈波浪状，内卷，具辐射状排列的细脊突。菌肉白色。菌褶密，延生，不等长，初期白色，后奶油色至淡粉红色。菌柄中生至稍偏生，白色，常弯曲，基部稍细。

【是否有毒】

未知。据记载有毒可能性较大，切勿食用。

【生境】

春季或夏季单生或散生于阔叶林地上。

【濒危等级】

数据缺乏（DD）。

【学 名】*Clitopilus subscyphoides* W. Q. Deng，T. H. Li & Y. H. Shen

【中文名】近杯状斜盖伞

【宏观特征】

菌盖初平展，后渐下凹至近浅盘状，成熟后近高脚杯状，边缘呈波浪状，稍内卷，干燥，白色、污白色或浅灰色。菌肉薄，白色。菌褶延生，稍密，不等长，白色至淡粉红色。菌柄近圆柱形，常偏生，光滑，白色或淡灰色，实心。

【是否有毒】

是。

【生境】

夏季单生或散生于针叶林或混交林地上。

【濒危等级】

数据缺乏（DD）。

【学　名】 ***Collybiopsis melanopus*****（A. W. Wilson，Desjardin & E. Horak）R. H. Petersen**

【中文名】 黑柄裸脚伞

【宏观特征】

菌盖幼时凸镜形，老后平展，中部稍下凹，微亮褐色，边缘颜色较淡，表面水浸状，具有条纹和沟纹；菌褶直生至附生，较紧密，淡褐色；菌柄圆柱状，中生，顶部为亮褐色，颜色向下渐深，基部黑色，表面略被粉。

【是否有毒】

未知。

【生境】

夏秋季单生或群生于阔叶林地上。

【濒危等级】

数据缺乏（DD）。

【学　名】*Coltricia crassa* Y. C. Dai

【中文名】厚集毛孔菌

【宏观特征】

子实体小型，一年生，具侧生柄。菌盖半圆形至扇形，偶近圆形，表面浅黄褐色，具粗毛，具同心环带，边缘钝。孔口表面奶油色至浅黄色，多角形，边缘薄，全缘。菌肉黄褐色至黑褐色，干后较脆，具窄的环区。菌管与孔口表面同色或略深。菌柄锈褐色，木栓光滑。

【是否有毒】

未知。

【生境】

夏秋季单生或群生于阔叶林地上。

【濒危等级】

数据缺乏（DD）。

【学　名】*Coprinellus disseminatus*（Pers.）J. E. Lange

【中文名】白小鬼伞

【宏观特征】

子实体小型。菌盖初期长卵形至钟形，后期平展，淡褐色至黄褐色，被白色至褐色颗粒状至絮状鳞片，具长条纹。菌肉近白色，薄。菌褶初期白色，后转为褐色至近黑色，成熟时不自溶或缓慢自溶。菌柄幼时白色、灰白色，成熟后淡黄白色。菌环无。

【是否有毒】

是。

【生境】

夏秋季群生于路边、林中的腐木或草地上。

【濒危等级】

无危（LC）。

【学　名】*Coprinellus micaceus*（Bull.）Vilgalys，Hopple & Jacq. Johnson

【中文名】晶粒拟鬼伞

【宏观特征】

菌柄白色，菌盖红棕色到茶色到赭色，尤其在边缘附近变成浅灰色，有光泽，表面被鳞片覆盖，菌盖有放射状条纹。菌褶近离生，白色，随着时间的推移变成黑色和墨色，但不完全溶解。孢子印黑色。

【是否有毒】

是。

【生境】

春夏季单生或群生于阔叶木腐木。

【濒危等级】

无危（LC）。

【学　名】*Coprinellus radians*（Desm.）Vilgalys，Hopple & Jacq. Johnson

【中文名】辐毛小鬼伞

【宏观特征】

子实体小。菌盖初期卵圆形后呈钟形至平展，表面黄褐色，中部色深且边缘浅黄，顶部具浅黄褐色粒状鳞片，有辐射状长条棱。菌肉白色，很薄，表皮下及柄基部带褐黄色。菌褶直生，白色至黑紫色，密，窄，不等长，自溶为黑汁状。菌柄较细，白色，圆柱形或基部稍有膨大，表面在初期常有白色细粉末。柄基部的基物上往往出现放射状分枝呈毛状菌丝。孢子印黑色。

【是否有毒】

是。

【生境】

夏秋季群生于路边、林中的腐木上。

【濒危等级】

无危（LC）。

【学　名】*Coprinopsis atramentaria*（Bull.）Redhead，Vilgalys & Moncalvo

【中文名】墨汁拟鬼伞

【宏观特征】

子实体中型。菌盖初期卵圆形，后渐展开呈钟形至圆锥形，老时盖缘上卷，开伞后液化流墨汁状汁液，具褐色鳞片，幼时边缘近光滑，成熟后边缘具轻微撕裂至缺刻。菌肉薄，初期白色，成熟后灰白色至灰黑色。菌褶弯生，密，不等长，幼时白色至灰白色，成熟后渐变成灰褐色至黑色，最后变成黑色汁液。菌柄长，圆柱形，向下渐粗，表面白色至灰白色，表面光滑或有纤维状小鳞片，空心。

【是否有毒】

据记载幼时可以食用，老后有毒。

【生境】

春至秋季丛生于腐木或地上。

【濒危等级】

无危（LC）。

【学　名】*Cotylidia aurantiaca*（Pat.）A. L. Welden

【中文名】黄扇革菌

【宏观特征】

子实体一般小型，一年生，具柄，新鲜时软革质，老后较韧。菌盖幼时平展，成熟后漏斗形，表面鲜黄色至橙黄色，干后色淡，光滑或似具绒状，具不明显同心环纹及放射状条纹，盖缘色浅，白色、淡黄色。子实层淡黄色。菌柄幼时侧生，老后近中生，表面具细微茸毛。基部成圆盘状。

【是否有毒】

未知。

【生境】

散生或群生于阔叶树腐木上。

【濒危等级】

数据缺乏（DD）。

【学　名】*Craterellus aureus* Berk. & M. A. Curtis

【中文名】金黄喇叭菌

【宏观特征】

子实体高7～10 cm，金黄色至亮黄色，喇叭形或近喇叭形，子实体顶端边缘不齐，波浪形，幼时向上伸展，老后内卷，蜡质，中部下凹至基部，菌柄与菌盖相连形成喇叭状。

【是否有毒】

否。据记载可食用。

【生境】

夏季群生或丛生于阔叶林地上。

【濒危等级】

无危（LC）。

【学　名】*Crepidotus asiaticus* Guzm.-Dáv.，C. K. Pradeep & T. J. Baroni

【中文名】亚洲靴耳

【宏观特征】

菌盖幼时凸镜形，成熟后平展，中央具轻微凸起，淡土黄色、淡橙色至深橙色，表面被红棕色，平伏鳞片，边缘平整或波浪状。菌褶贴生至下延，密，不等长，幼时白色、淡黄色或淡橙色，成熟后淡棕色至锈褐色。菌柄中生，圆柱形，基部略膨大，表面乳白色至淡橙色，具纤维状条纹，中空。

【是否有毒】

未知。

【生境】

夏季散生于阔叶林地上。

【濒危等级】

数据缺乏（DD）。

【学　名】*Crepidotus caspari* Velen.

【中文名】卡斯珀靴耳

【宏观特征】

子实体小型。菌盖幼时匙状、花瓣状，平凸、贝壳形、圆形瓣状至半圆形，成熟后不规则圆形或半圆形，老后平凸；初白色至淡黄白色至浅橙色，成熟后白色至灰色，边缘颜色较深，表面具短柔毛，老后纤维明显。菌褶贴生至延生，浅橙色至红金色、棕橙色，边缘颜色较浅，成熟后偶波浪状。菌柄较短，圆柱状至棍棒状，浅灰橙色。菌肉白色。味道和气味不明显。

【是否有毒】

未知。

【生境】

夏季散生于阔叶林地上。

【濒危等级】

数据缺乏（DD）。

【学　名】*Crepidotus cesatii*（Rabenh.）Sacc.

【中文名】球孢靴耳

【宏观特征】

肾形或壳形，表面光滑或稍微有茸毛，浅裂，边缘通常有缺口，白色到浅棕色，直径约20 mm。菌褶较稀疏，白色而后转为白色中带粉棕色。

【是否有毒】

未知。

【生境】

夏秋季生于阔叶树腐枝、腐木上。

【濒危等级】

数据缺乏（DD）。

【学　名】*Crepidotus striatus* T. Bau & Y. P. Ge

【中文名】条盖靴耳

【宏观特征】

菌盖小，幼时白色，蹄形，贝壳形，盖面黏，边缘具不明显条纹，成熟后白色、污白色至淡肉粉色，扇形至半圆形，透镜形，老后盖面近平展，基部凸起，无明显菌丝，表面光滑，无茸毛及鳞片，盖缘波形，后具缺刻，边缘具明显条纹，较密，非水浸状。菌褶幼时白色，成熟后污白色。菌柄极小，幼时圆柱形，近透明，成熟后短圆柱形至点状，表面具白色菌丝。菌肉极薄，近透明，无特殊味道和气味。

【是否有毒】

未知。

【生境】

夏秋季生于阔叶树腐枝、腐木上。

【濒危等级】

数据缺乏（DD）。

【学　名】*Cyathus pallidus*（Huds.）Kambly

【中文名】白被黑蛋鸟巢菌

【宏观特征】

子实体小型，鸟巢状、浅杯状至桶形状，无柄，成熟前顶部褐黄色至淡黄色，肉桂色盖膜，内有数个扁球形的小包。子实体外表淡黄色、褐黄色至黄色，被黄白色茸毛，老后渐光滑，褐色、灰色；内侧光滑，灰色、污白色至淡黄色。小包扁球形，由一纤细的根状菌索固定于包被内壁上，表面具白色至浅灰褐色外膜，外膜脱落后变成黑色。

【是否有毒】

未知。

【生境】

夏秋季生于阔叶树腐枝、腐木上。

【濒危等级】

无危（LC）。

【学　名】*Cyathus stercoreus*（Schwein.）De Toni

【中文名】黑蛋鸟巢菌

【宏观特征】

子实体小型，倒锥形至浅杯形，基部略成短柄型，幼时顶部有淡灰色盖膜，老后盖膜易脱落，外表面覆盖一层粗毛。包被外表棕黄色，老后深棕黄色，粗毛脱落后无褶皱状纹饰。内侧灰色至褐色，后期近黑褐色，平滑，无纵纹。小包黑色，扁圆形，由根状菌索固定于杯中。

【是否有毒】

未知。

【生境】

夏秋季群生于落叶树朽木上。

【濒危等级】

无危（LC）。

【学　名】*Cyathus striatus* Willd.

【中文名】隆纹黑蛋鸟巢菌

【宏观特征】

子实体小型，倒锥形至浅杯形，基部略成短柄型，幼时顶部有淡灰色盖膜，老后盖膜易脱落。包被外表暗褐色、褐色至灰褐色，被硬毛，褶纹初期不明显，毛脱落后有明显纵褶；内侧灰白色至银灰色，有明显纵条纹。小包扁球形，褐色、淡褐色至亮灰黑色，由根状菌索固定于杯中。

【是否有毒】

未知。

【生境】

夏秋季群生于落叶树朽木上。

【濒危等级】

无危（LC）。

【学　名】*Cymatoderma elegans* Jungh.

【中文名】优雅波边革菌

【宏观特征】

子实体大型，一年生，具侧生短柄，偶基部融合，多个合生，新鲜时革质，干后木栓质。菌盖漏斗形，表面新鲜时淡黄白色，黄褐色，被厚乳白色茸毛，由中部向边缘延生，有明显皱褶突起，具明显同心环纹，干后灰白色至浅土黄色，边缘薄，锐，波状。子实层体新鲜时乳白色，干后米黄色，具皱褶。菌肉米黄色，新鲜时肉质，老后木栓质。菌柄圆柱形，与菌盖同色或略白，被褐色细茸毛。

【是否有毒】

未知。

【生境】

夏秋季生于阔叶树倒木和落枝上。

【濒危等级】

无危（LC）。

【学　名】*Cyptotrama asprata*（Berk.）Redhead & Ginns

【中文名】金黄鳞盖伞

【宏观特征】

子实体小型。菌盖扁半球形至平展，橙黄色、金黄色，盖表具橙黄色密集刺状鳞片，菌肉近白色至淡黄白色，较薄。菌褶白色，稀疏，不等长，直生；菌柄中生，圆柱形，幼时中实，老后松软，柠檬黄色、淡黄色，被明显橙黄色棉毛状鳞片，基部膨大具淡黄色刺状鳞片。

【是否有毒】

否。可食用。

【生境】

散生或群生于杉木等针叶树倒腐木或木桩上。

【濒危等级】

无危（LC）。

【学　名】*Dacryopinax spathularia*（Schwein.）G. W. Martin

【中文名】匙盖假花耳

【宏观特征】

子实体小型，干燥时具细茸毛，湿时黏，橙黄色至鲜黄色；基部幼时与上部同色或颜色稍深，老后栗褐色至黑褐色。

【是否有毒】

否。可食用。

【生境】

散生或群生于杉木等针叶树倒腐木或木桩上，常着生于腐木缝隙。

【濒危等级】

数据缺乏（DD）。

【学　名】*Dictyophora multicolor* Berk. & Broome

【中文名】黄裙竹荪

【宏观特征】

子实体中型，偶卵圆形。菌盖钟形，具显著的网络状凹穴，橘黄色，内有暗青褐色、黏性孢体，顶端平，中部具穿孔。菌裙柠檬黄色至橘黄色，网眼多角形。菌柄近白色或淡橙黄色，海绵状，中空。菌托带淡紫色。

【是否有毒】

是。

【生境】

夏秋季单生或群生于阔叶林地上。

【濒危等级】

数据缺乏（DD）。

【学　名】*Earliella scabrosa*（Pers.）Gilb. & Ryvarden

【中文名】粗硬春孔菌

【宏观特征】

担子果一年生，无柄或平展至反卷，韧，木栓质。菌盖半圆形或贝壳状，单生或覆瓦状，常左右相连，表面光滑，有皱纹和同心环棱，近白色或灰白色，趋向基部渐变暗红褐色，具皮层；边缘薄而锐；波浪状，完整或有时瓣裂，下侧不孕。菌肉白色或近白色。菌管与菌肉同色。孔面污淡褐色、淡黄褐色或褐色；管口多角形到不规则形，近迷宫状或近齿状，在倾斜部分有时几乎呈褶状，每毫米2～3个。

【是否有毒】

未知。

【生境】

夏秋季贴生于阔叶树腐木上。

【濒危等级】

无危（LC）。

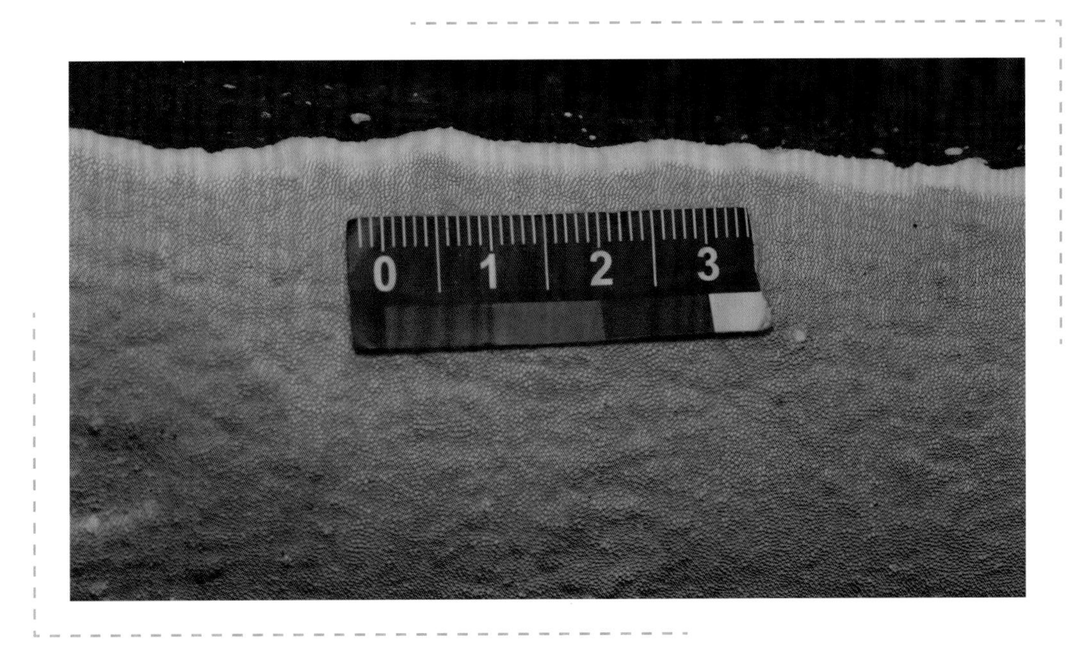

【学　名】*Entoloma murrayi*（Berk. & M. A. Curtis）Sacc. & P. Syd.

【中文名】穆雷粉褶菌

【宏观特征】

菌盖斗笠形至圆锥形，顶部具显著长尖突或乳突，光滑，成熟后略具丝状光泽，具条纹或浅沟纹，浅黄色至黄色或鲜黄色。菌肉薄，近无色。菌褶直生或弯生，较稀，具小菌褶，与菌盖同色至带粉红色。菌柄圆柱形，光滑至具纤毛，黄白色、浅黄色至接近菌盖颜色，有细条纹，空心，向下稍膨大，基部具黄色菌丝体。

【是否有毒】

是。

【生境】

夏秋季单生或散生于针阔混交林地上。

【濒危等级】

数据缺乏（DD）。

【学　名】*Favolus grammocephalus*（Berk.）Imazeki

【中文名】条盖棱孔菌

【宏观特征】

子实体小型，一年生，具侧生柄，革质。菌盖扇形；表面新鲜时奶油色至浅褐色，成熟时灰白色，光滑，具放射状条纹；边缘波浪状，干后偶内卷。孔口表面浅黄色，圆形，下延至菌柄；边缘薄，略呈撕裂状。菌肉奶油色至木材色。菌管淡褐色。菌柄与孔口表面同色。担孢子长椭圆形至圆柱形，无色，薄壁，光滑，非淀粉质，不嗜蓝。

【是否有毒】

未知。

【生境】

夏季群生或散生于阔叶树腐木上。

【濒危等级】

数据缺乏（DD）。

【学　名】*Filoboletus manipularis*（Berk.）Singer

【中文名】丛伞胶孔菌

【宏观特征】

菌盖半球形至扁半球形，幼时菌盖表面上部白色，下部较透明，后渐至污白色，表面可见管孔。菌肉较薄，与菌盖同色。菌管孔状，直生，较菌盖色浅或污白色，蜡质，管口多角形。菌柄圆柱形，中生，空心，同菌盖色或较浅，质脆，表面有细粉末附属物或光滑。

【是否有毒】

否。可食用。

【生境】

春夏季群生于林中腐木上。

【濒危等级】

数据缺乏（DD）。

【学　名】*Flammulina filiformis*（Z. W. Ge，X. B. Liu & Zhu L. Yang）P. M. Wang，Y. C. Dai，E. Horak & Zhu L. Yang

【中文名】冬菇

【宏观特征】

子实体小型。菌盖幼时扁平球形，后扁平至平展，淡黄褐色至黄褐色，中央色较深，边缘乳黄色，湿时稍黏。菌肉中央厚，边缘薄，白色。菌褶弯生，白色至米色，密，不等长。菌柄圆柱形，顶部黄褐色，下部暗褐色至近黑色，被茸毛，不黏，纤维质，内部松软，后空心，下部延伸似假根簇生。

【是否有毒】

否。可食用。

【生境】

早春或冬季簇生于阔叶树腐木桩上。

【濒危等级】

无危（LC）。

【学　名】*Foraminispora austrosinensis*（J. D. Zhao & L. W. Hsu）Y. F. Sun & B. K. Cui

【中文名】华南洞芝

【宏观特征】

子实体小型至中型，一年生。菌盖圆形或近圆形，偶不规则圆形，平展至近平展，中部凹陷，表面黄色至浅黄褐色、浅棕色，无光泽，具较密且明显的同心环纹与不规则放射状沟纹，边缘钝，略内卷。菌肉白色，菌管幼时与菌肉同色，老后与菌盖颜色相近；孔面白色，管口近圆形。菌柄近中生、偏生，深黄褐色至深棕色，中空，圆柱形，无光泽。

【是否有毒】

未知。

【生境】

夏秋季单生于阔叶树腐木上。

【濒危等级】

数据缺乏（DD）。

【学 名】*Galerina marginata*（Batsch）Kühner

【中文名】纹缘盔孢伞

【宏观特征】

子实体小型。菌盖幼时圆锥形，成熟后平展，中部具不明显凸起，浅黄褐色至橙色，边缘色淡，具明显条纹。菌肉薄，浅黄色、亮橙色。菌褶直生至弯生，稀疏，不等长。菌柄与菌盖同色或稍浅，具橙色或浅黄色细鳞片，基部膨大，菌环上位，易脱落。

【是否有毒】

否。可食用。

【生境】

夏秋季簇生于阔叶树腐木桩上。

【濒危等级】

无危（LC）。

【学　名】*Ganoderma applanatum*（Pers.）Pat.

【中文名】树舌灵芝

【宏观特征】

子实体大型或特大型。无柄或几乎无柄。菌盖半圆形、扁半球形或扁平，基部常下延，表面灰色，渐变褐色，具同心环纹棱，偶有瘤，皮壳胶角质，边缘较薄。菌肉浅栗色，有时近皮壳处后变暗褐色，菌孔圆形。

【是否有毒】

否。本种可药用。

【生境】

春季至秋季单生于阔叶树的活立木、倒木、树桩和腐木上。

【濒危等级】

数据缺乏（DD）。

【学　名】*Ganoderma australe*（Fr.）Pat.

【中文名】南方灵芝

【宏观特征】

子实体中型至大型，多年生，无柄，木栓质。菌盖半圆形，表面锈褐色至黑褐色，具明显的环沟和环带，边缘圆，钝，奶油色至浅灰褐色。孔口表面灰白色至淡褐色，圆形，边缘较厚，全缘。菌肉新鲜时浅褐色，干后棕褐色。菌管暗褐色。

【是否有毒】

否。本种可药用。

【生境】

春季至秋季单生或覆瓦状生于阔叶树的活立木、倒木、树桩和腐木上。

【濒危等级】

数据缺乏（DD）。

【学　名】*Ganoderma calidophilum* J. D. Zhao，L. W. Hsu & X. Q. Zhang

【中文名】喜热灵芝

【宏观特征】

子实体中型，一年生，有柄，木栓质。菌盖半圆形、扇形至近圆形，红褐色、暗红褐色、紫红褐色或黑褐色，具漆样光泽，边缘具同心沟纹和环纹，盖表面具辐射状皱纹，边缘钝或呈截面状。菌肉双层，上层漆褐色，近菌管处淡褐色至暗褐色。菌管褐色，管口白色，近圆形。菌柄侧生，紫褐色、褐色或紫黑色。

【是否有毒】

否。本种可药用。

【生境】

春季至秋季单生于阔叶树倒木。

【濒危等级】

数据缺乏（DD）。

【学　名】*Ganoderma dianzhongense* J. He，H. Y. Su & S. H. Li

【中文名】滇中灵芝

【宏观特征】

子实体一年生，具侧生柄，皮质至木栓质。菌盖近圆形、半圆形至肾形，明显的漆状光泽，血红色至紫棕色，具同心环纹。菌柄居中或偏生，圆柱形，深红棕色至略带紫色，木质。菌管桶状，灰棕色，无分层。菌孔圆形至角形，全缘，表面灰白色至铅灰色。

【是否有毒】

否。本种可药用。

【生境】

春季至秋季单生于多种阔叶树的腐木上。

【濒危等级】

数据缺乏（DD）。

【学　名】*Ganoderma flexipes* Pat.

【中文名】弯柄灵芝

【宏观特征】

子实体一年生，常具背生柄，软木栓质，老后木栓质，菌盖近匙形至近圆形，表面黄红褐色至红褐色、深红褐色，具明显漆样光泽；边缘钝。孔口表面污灰色、污白色近圆形，边缘厚、全缘。菌肉淡褐色。菌管暗褐色、菌柄与菌盖同色，长。

【是否有毒】

否。本种可药用。

【生境】

春夏季生于阔叶林腐木上。

【濒危等级】

数据缺乏（DD）。

【学　名】*Ganoderma sinense* J. D. Zhao，L. W. Hsu & X. Q. Zhang

【中文名】紫芝

【宏观特征】

子实体中到大型，一年生，具侧生柄，干后软木栓质至木栓质。菌盖半圆形、近圆形或匙形，基部厚；新鲜时表面漆黑色，光滑，具明显的同心环纹和纵皱，干后紫褐色、紫黑色至近黑色，具漆样光泽。孔口表面干，污白色、淡褐色至深褐色；圆形或近圆形；边缘薄，全缘。菌肉褐色至深褐色，中间具一黑色壳质层，软木栓质。菌管褐色至深褐色。

【是否有毒】

否。本种可药用。

【生境】

春季至秋季单生于多种阔叶树的腐木上。

【濒危等级】

数据缺乏（DD）。

【学　名】*Ganoderma tropicum*（Jungh.）Bres.

【中文名】热带灵芝

【宏观特征】

子实体大型，一年生，常无柄，偶具侧生短柄，干后木栓质。菌盖半圆形，菌盖黄褐色至紫褐色，有明显同心环纹和不明显放射状沟纹，被厚皮壳，具明显漆样光泽，基部厚，边缘薄，钝，中心至边缘颜色渐变浅。孔口表面污白色至淡黄白色，无折光反应，近圆形，全缘。不育边缘明显，奶油色。菌肉黄褐色，厚。菌管浅褐色，分层不明显。

【是否有毒】

否。本种属药用真菌。

【生境】

夏季单生或覆瓦状生于阔叶树腐木上。

【濒危等级】

数据缺乏（DD）。

【学　名】*Geastrum fimbriatum* Fr.

【中文名】毛嘴地星

【宏观特征】

子实体小型。幼担子近球形，成熟后黄褐色至浅红褐色，顶部凸起或有喙。开裂后外包被反卷，成熟后多反卷至地面，浅囊状或深囊状，形成5～11瓣裂片，以6～9瓣为多。裂片瓣宽或窄，渐尖，老后向外反卷于包被盘下，或平展仅先端反卷。

【是否有毒】

否。本种可药用。

【生境】

夏秋季生于林中腐枝落叶层地上。

【濒危等级】

无危（LC）。

【学　名】*Geastrum mirabile* Mont.

【中文名】木生地星

【宏观特征】

子实体小型。幼担子近球形至球形，成熟后外包被开裂，表面光滑，蛋壳色至浅棕色，内层肉质，干后变薄，中部易分离脱落，仅留基部。内包被近球形至球形、扁球形，顶部白色，具不明显的凸起，蛋壳色至浅棕色。无柄。

【是否有毒】

否。

【生境】

夏秋季生于阔叶树腐木上。

【濒危等级】

无危（LC）。

【学　名】*Geastrum triplex* Jungh.

【中文名】尖顶地星

【宏观特征】

子实体小型。幼担子近球形，成熟后外包被开裂成5 ~ 7瓣，裂片向下反卷，表面光滑，蛋壳色或略深，内层肉质，干后变薄，栗褐色，中部易分离脱落，仅留基部。内包被近球形、卵形、扁球形，顶部常具长或短的喙，或呈明显脐状，淡褐色至深褐色、栗褐色。无柄。

【是否有毒】

否。本种可药用。

【生境】

夏秋季生于阔叶林地上。

【濒危等级】

无危（LC）。

【学　名】*Gerronema atrialbum*（Murrill）Borovička & Kolařík

【中文名】黑盖白褶老伞

【宏观特征】

子实体小型至中型。菌盖直径约40 mm，起初中凸，而后平展至中部脐凹，老后略呈漏斗形；菌盖具明显放射状条纹；边缘白色，稍内卷，全缘或稍具小齿，条纹不明显；菌盖表面具明显细纤维状鳞片，中部稍多；湿时，颜色呈灰褐色，干后颜色稍浅。菌褶直生或稍延生，较稀，缘呈波浪形，具细小横脉。菌柄长50 mm，直径4.5 mm，中生，圆柱形至稍扁，基部稍膨大，具暗灰色斑点，基部呈灰黑色。菌盖菌肉白色，菌柄菌肉稍暗。气味和味道不明显。孢子印白色。

【是否有毒】

未知。

【生境】

夏季单生于阔叶林地上。

【濒危等级】

数据缺乏（DD）。

【学　名】*Gerronema indigoticum* T. Bau & L. N. Liu

【中文名】靛蓝老伞

【宏观特征】

子实体小型。幼时中心凹陷，边缘下弯，老后扁平，中部具深脐，边缘内卷至隆起，湿时具半透明条纹；幼时菌盖边缘具条纹，老后菌盖具不明显纤维状条纹；蓝绿色至蓝色，幼时中部常黄绿色、蓝色至深蓝色，成熟后中部为深蓝色至黑色。菌褶中等密，延生，乳白色至浅蓝色，老后蓝色至灰蓝色，边缘同色。菌柄圆柱形，基部稍宽，幼时青蓝色到蓝色，老后蓝色带灰色，基部具白色至浅蓝色菌丝体。

【是否有毒】

未知。

【生境】

夏季散生于阔叶树腐木上。

【濒危等级】

数据缺乏（DD）。

【学　名】*Gerronema strombodes*（Berk. & Mont.）Singer

【中文名】陀螺老伞

【宏观特征】

子实体小型至中型。菌盖平展至凸镜形，成熟后中部略凹陷，灰褐色、黄褐色至茶褐色，具灰褐色平伏纤毛及辐射条纹，湿时稍黏，边缘老时波状。菌肉薄，近白色至淡褐色，气味不明显。菌褶延生，稍稀，近白色或略带淡灰色，具小菌褶。菌柄圆柱形，等粗，淡灰白色至微褐白色，基部膨大，颜色略深，被微小茸毛，空心。

【是否有毒】

未知。

【生境】

夏季散生于阔叶树腐木上。

【濒危等级】

数据缺乏（DD）。

【学　名】*Gymnopilus dilepis*（Berk. & Broome）Singer

【中文名】热带紫褐裸伞

【宏观特征】

菌盖凸至平凸，中心亮橙色，边缘浅橙色至亮橙色，具角状鳞片，鳞片颜色红色至紫棕色，中央稍密，边缘稀疏；盖缘内卷。菌褶颜色亮橙色至淡黄色，直生。菌柄中生，基部稍膨大，偶变细，上部与菌褶同色，下部与菌盖同色。菌环上位，膜质，易脱落。气味和味道不明显。

【是否有毒】

未知。

【生境】

夏季散生或群生于落叶树腐木上。

【濒危等级】

数据缺乏（DD）。

【学　名】*Gymnopilus junonius*（Fr.）P. D. Orton

【中文名】橘黄裸伞

【宏观特征】

子实体中型。菌盖幼时半球形至扁半球形，中部凸出，成熟后近平展，橙黄色、金黄色、亮黄色，湿时黏，边缘幼时内卷，老后平展。菌肉淡黄色，稍具苦味。菌褶密，不等长，与菌肉近同色，淡黄色、黄白色，直生。菌柄圆柱形，浅黄色、黄色，老后黄褐色，被密集茸毛，实心，偶弯曲。

【是否有毒】

否。可药用。

【生境】

夏秋群生于阔叶林地上。

【濒危等级】

无危（LC）。

【学　名】*Gyrodontium sacchari*（Spreng.）Hjortstam

【中文名】糖圆齿菌

【宏观特征】

子实体中型至大型。一年生，易与基物剥离，新鲜时软，肉质，干后脆。菌盖扇形至半圆形，表面新鲜时奶油色至浅黄褐色，光滑或粗糙，干后表面具棕褐色粉末层，边缘钝，乳白色，干后稍内卷。菌肉淡黄色，厚。菌齿扁平至锥形，单生或侧向联合生长，子实层体新鲜时黄色至黄绿色，干后深棕褐色，齿状。不育边缘明显，乳白色至橘黄色。

【是否有毒】

否。

【生境】

秋季单生或覆瓦状生于阔叶树腐木上。

【濒危等级】

无危（LC）。

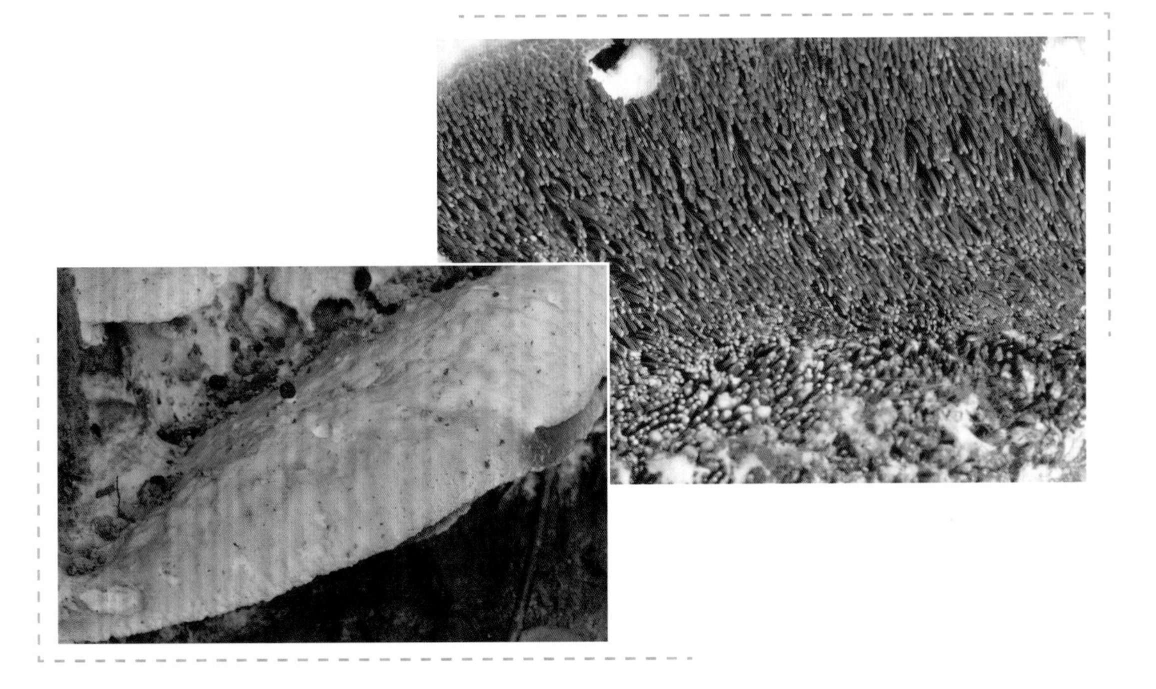

【学　名】*Hexagonia glabra* Lév.

【中文名】平盖蜂窝菌

【宏观特征】

子实体一年生，无柄。新鲜时革质，无嗅无味，干后木栓质。菌盖半圆形，基部较厚；表面干后浅褐色至黄褐色，具明显的同心环纹和环沟；边缘锐，灰白色。孔口表面淡黄褐色；六角形，边缘薄，全缘。菌肉异质，上层浅黄褐色，木栓质；下层白色，木栓质，厚可达0.3 mm。菌管干后浅黄褐色。

【是否有毒】

未知。

【生境】

夏秋季单生于阔叶树上。

【濒危等级】

数据缺乏（DD）。

【学　名】*Hohenbuehelia cepistipes* L. L. Qi，N. Lang & Y. Li

【中文名】粗柄亚侧耳

【宏观特征】

担子体中等大，肉质，菌盖瓣状、匙形，灰色至灰白色，盖缘渐浅；具白色棉絮状鳞片，中部稍密，干，边缘波浪状上翘。菌肉稍厚，白色至铅灰色，软。菌褶中等密，不等长，延生，光滑。菌柄较粗，侧耳状至中生，圆柱形，实心，与菌褶同色或稍浅，光滑。基部具白色菌丝。孢子印白色，气味和味道不明显。

【是否有毒】

未知。

【生境】

夏秋季单生于阔叶树上。

【濒危等级】

数据缺乏（DD）。

【学　名】*Hohenbuehelia horakii* Courtec.

【中文名】霍氏亚侧耳

【宏观特征】

担子体中等大，侧生型或者扇形。菌盖勺形或匙形，黄棕色，边缘稍浅，表面具灰白色、淡棕色或灰棕色的细茸毛，向内茸毛渐密至基部成糙伏毛状，幼时边缘内卷，成熟时平展。菌肉肉质厚实，水渍状，白色。菌褶较密，窄，薄，延生至菌柄上部，污白色，干时黄棕色。菌柄短，密被茸毛，白色至淡赭棕色，基部菌丝白色。孢子印白色。

【是否有毒】

未知。

【生境】

夏秋季单生于阔叶树上。

【濒危等级】

数据缺乏（DD）。

【学　名】*Hohenbuehelia longzhousis* L. L. Qi，N. Lang & Y. Li

【中文名】龙州亚侧耳

【宏观特征】

子实体大型，肉质，菌盖平展、肾形至半圆形，覆瓦状；表面肉红色至浅肉红色，边缘颜色稍浅；表面具棉絮状、纤维状鳞片，象牙白至浅灰白色，边缘稍密集；盖缘幼时内卷，老后稍平展。菌肉较厚，白色至黄白色，软。菌褶较密，不等长，白色，一侧稍突出。菌柄无。基部具白色菌丝体。

【是否有毒】

未知。

【生境】

夏秋季单生于阔叶树木屑上。

【濒危等级】

数据缺乏（DD）。

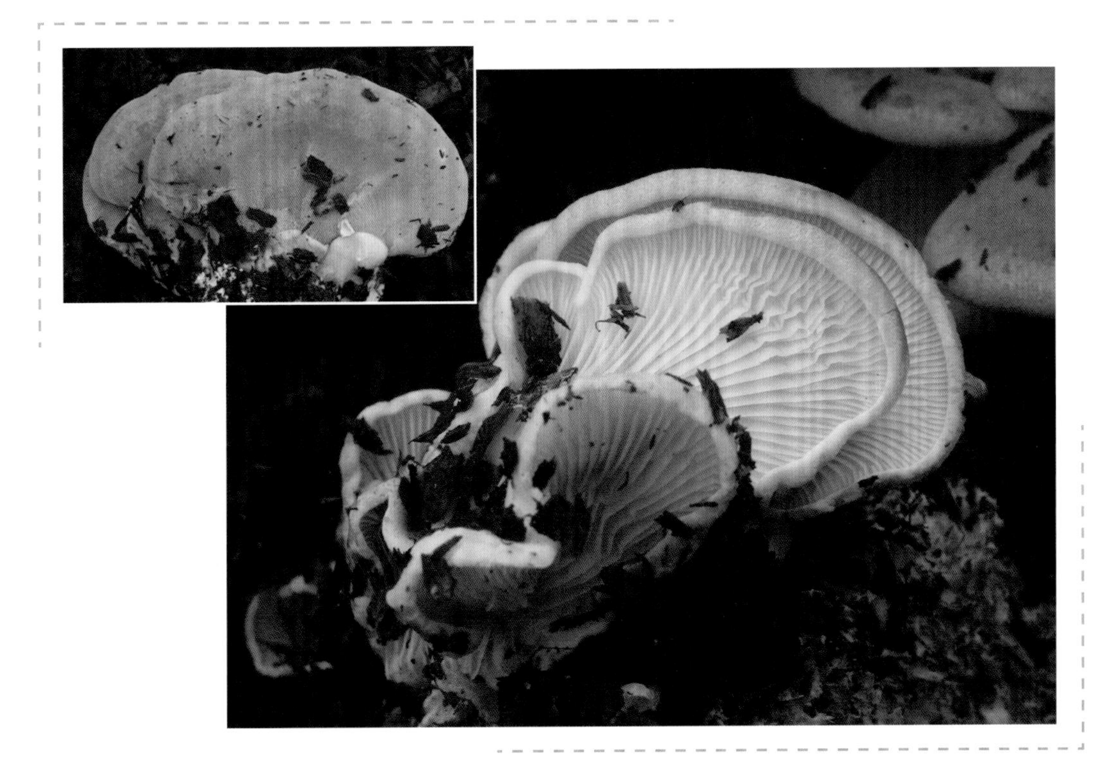

【学　名】*Humphreya endertii* Steyaert

【中文名】网孢灵芝

【宏观特征】

子实体小型，一年生。菌盖半圆形、扇形，紫褐色，具漆样光泽，具不明显同心环纹，边缘呈波浪状，平齐。菌肉带褐色或略带褐色。菌管褐色，管口污白色，圆形。菌柄较长，基部发达，紫黑色，具漆样光泽，背着生或侧生，扭曲。

【是否有毒】

否。本种可药用。

【生境】

夏季单生于阔叶树腐木上。

【濒危等级】

数据缺乏（DD）。

【学　名】*Hygrocybe coccinea*（Schaeff.）P. Kumm.

【中文名】绯红湿伞

【宏观特征】

子实体小型。菌盖初期近半球型至扁锥型，后期近扁平展，中部钝凸或略凹陷，湿时表面黏和湿润，红色至亮橘红色，边缘色淡，光滑无毛，具细条纹。菌肉近似盖色或淡红色，薄。菌褶近直生或近弯生，密，较宽，橙红色，不等长。菌柄圆柱形，光滑，脆，上部同盖色，下部色浅至黄色，基部白色。

【是否有毒】

否。据记载可食，但不建议食用。

【生境】

夏季单生或散生于阔叶林地上。

【濒危等级】

无危（LC）。

【学　名】*Hygrocybe conica*（Schaeff.）P. Kumm.

【中文名】变黑湿伞

【宏观特征】

菌盖初锥形，后伸展，表面略黏，外表皮常破裂为纤维状纤毛，幼时红棕色或橙黄色，成熟后变为橄榄灰色至黑色，伤后迅速变为黑色。菌肉薄，初期淡红棕色，后期渐变为灰黑色，伤后或触碰后变黑色。菌褶离生，密，淡黄色至浅橙黄色，老后黑色，边缘通常有小齿。菌柄空心，常扭曲，质地脆，具类似纤毛状黑色附属物，上部浅橙黄色，基部污白色，伤后和老后变黑色。

【是否有毒】

是。

【生境】

夏季散生于混交林地上。

【濒危等级】

无危（LC）。

【学　名】*Hygrocybe miniata*（Fr.）P. Kumm.

【中文名】小红湿伞

【宏观特征】

菌盖初期扁半球形、钝圆锥形，后平展，中部稍凸起，幼时稍黏（湿度大时黏），光滑；老后近光滑，具细微鳞片，湿时鲜红色，干后色淡。菌肉薄，幼时淡红色，老后淡黄色。菌褶延生至近延生，稀，较厚，蜡质，幼时与菌盖同色，老后略带浅黄色。菌柄圆柱形，实心，脆骨质，表面光滑，湿时黏，上部幼时与菌盖同色，老后红棕色，下部色淡。

【是否有毒】

否。据记载可食，但子实体较小，采集困难。

【生境】

夏秋季单生、散生于阔叶林地上。

【濒危等级】

无危（LC）。

【学　名】*Hygrophorus russula*（Schaeff. ex Fr.）Kauffman

【中文名】红菇蜡伞

【宏观特征】

子实体中型。菌盖初期凸镜形，后期渐平展，新鲜时黏滑，表面光滑，偶具细小鳞片，边缘内卷，浅红色至浅粉色，常具条纹或斑点。菌肉厚，韧，白色至粉色。菌褶直生至延生，密，初期白色，后期表面浅红色，不等长，蜡质。菌柄圆柱形，近等粗，初期白色，后期与菌盖近同色，上部颜色浅，下部颜色深，表面具细条纹，实心。

【是否有毒】

否。本种据记载可以食用。

【生境】

秋季单生或群生于针阔混交林地上。

【濒危等级】

无危（LC）。

【学　名】*Hymenopellis radicata*（Relhan）R. H. Petersen

【中文名】长根小奥德蘑

【宏观特征】

子实体中型至大型。菌盖浅褐色、橄榄褐色至深褐色，光滑，湿时黏，幼时扁半球形，成熟后逐渐平展，中央有较宽阔的微凸起或呈脐状、具辐射状条纹。菌肉厚，肉质，白色。菌褶弯生，较宽，稍密，不等长，白色。菌柄圆柱形，顶部白色，其余部分浅褐色，近光滑，表皮脆质，内部菌肉纤维质，老后较松软，基部稍膨大且向下延伸形成假根。

【是否有毒】

否。可食用。

【生境】

夏秋季单生于阔叶林地上。

【濒危等级】

无危（LC）。

【学　名】*Laccaria amethystea*（Bull.）Murrill

【中文名】紫蜡蘑

【宏观特征】

子实体小型。菌盖初扁球形、后渐平展，老后中央下凹成脐状，蓝紫色，湿润时似蜡质、色深，干燥时灰白色带紫色，具明显白色短茸毛，老后边缘波状或瓣状并具明显粗条纹。菌肉同菌盖色，薄。菌褶蓝紫色，直生或近弯生，宽，稀疏、不等长。菌柄有茸毛，纤维质，实心，下部常弯曲。

【是否有毒】

否。本种具有药用价值。

【生境】

夏秋季散生或群生于阔叶林地上。

【濒危等级】

数据缺乏（DD）。

【学　名】*Laccaria bicolor*（Maire）P. D. Orton

【中文名】双色蜡蘑

【宏观特征】

菌盖初期扁半球，后期稍平展，中部平或稍下凹，边缘波浪型，浅赭色至皮革褐色，干后颜色变浅，表面平滑或稍粗糙。菌肉污白色或浅粉褐色，无明显气味。菌褶浅紫色或略带紫色至暗色，干后色变浅，直生至稍延生，具小褶，边缘呈波状。菌柄圆柱形，中生，常扭曲，幼时盖色，成熟后颜色变淡，具长的条纹和纤毛，基部稍粗且有淡紫色茸毛。

【是否有毒】

否。本种据记载可以食用，建议谨慎食用。

【生境】

夏秋单生或散生于针阔混交林地上。

【濒危等级】

无危（LC）。

【学　名】*Lactarius deliciosus*（L.）Gray

【中文名】松乳菇

【宏观特征】

菌盖扁半球形至平展，中部下凹，湿时稍黏，黄褐色至橘黄色，具同心环纹，边缘稍内卷。菌肉幼时淡黄色，老后暗红色。菌褶窄，密，具小褶，不分叉，橘黄色，伤后变暗红色，乳汁少。菌柄圆柱形，与菌盖同色，属外生菌根真菌。

【是否有毒】

否。本种为食用菌。

【生境】

夏季或秋季单生于针叶林或针阔混交林地上。

【濒危等级】

无危（LC）。

【学　名】*Lactarius deterrimus* Gröger
【中文名】云杉乳菇

【宏观特征】

菌盖幼时透镜形，成熟后扁半球形至平展，中部略下凹，湿时稍黏，幼时亮橙色，后逐渐变暗，形成绿色斑块，无环纹或在盖缘具微弱环纹。菌褶直生或延生，橙色，触碰后变绿。菌柄锥形，向下渐细，橙色。菌肉浅橙色，伤后变绿。乳汁较少。气味和味道不明显。属外生菌根真菌。

【是否有毒】

否。本种为食用菌。

【生境】

春夏季单生于针叶林或针阔混交林地上。

【濒危等级】

无危（LC）。

【学　名】*Lactarius lignyotus* Fr.

【中文名】黑褐乳菇

【宏观特征】

菌盖初期扁半球形，后渐平展，褐色至黑褐色，成熟后中部稍下凹，表面干，似具短茸毛。菌肉白色，较厚，伤后略变红色。菌褶宽，稀，延生，不等长，白色。乳汁白色至乳白色，与空气接触后变淡粉红色至淡粉褐色。菌柄近圆柱形，上部与菌盖表面同色，下部近白色，基部偶具白色茸毛状菌丝体。

【是否有毒】

是。

【生境】

夏秋季散生于林地上。

【濒危等级】

无危（LC）。

【学　名】*Lactocollybia epia*（Berk. & Broome）Pegler

【中文名】歪足乳金钱菌

【宏观特征】

菌盖扁半球形至平展，光滑，白色、奶油色至乳黄色（老后），边缘全缘，偶具波浪。菌肉白色。菌褶直生至稍延生，具小褶，白色，较密。菌柄常偏生，与菌盖同色，圆柱形，基部略膨大，具白色菌丝。

【是否有毒】

未知。

【生境】

夏秋季生于热带及亚热带林中腐木上，腐生。

【濒危等级】

数据缺乏（DD）。

【学　名】*Laetiporus miniatus*（P. Karst.）Overeem

【中文名】硫黄菌

【宏观特征】

子实体中型至大型。菌盖近扇形至扇形、半圆形，常覆瓦状叠生，偶单生或散生，盖表硫黄色至亮橙色，似有细茸毛，具明显褶皱，无环带，边缘老后薄，波浪状、花瓣状。菌肉白色或浅黄色、浅橙色。菌孔与菌盖同色，干后颜色稍淡，孔口多角形。

【是否有毒】

否。幼时可食，亦可入药。

【生境】

夏季覆瓦状叠生于阔叶树腐木上。

【濒危等级】

无危（LC）。

【学　名】*Leccinellum sinoaurantiacum*（M. Zang & R. H. Petersen）Yan C. Li & Zhu L. Yang

【中文名】华金黄疣柄牛肝菌

【宏观特征】

子实体小型至中型。菌盖半球形至凸镜形，橘黄色至橘红色，通常较鲜艳，菌盖边缘全缘，偶具浅裂。菌肉米黄色，伤不变色。菌管淡黄色，孔口黄色，近圆形，凹生。菌柄圆柱形，上部稍细，向下渐粗，基部收缩较细；中部及上部与菌盖同色，基部被细小糠麸状鳞片或茸毛，具明显菌丝体。

【是否有毒】

未知。

【生境】

夏秋季生于阔叶林地上。

【濒危等级】

数据缺乏（DD）。

【学　名】*Lentinula edodes*（Berk.）Pegler

【中文名】香菇

【宏观特征】

菌盖初期球形至平展，浅褐色、深褐色至深肉桂色，具深色鳞片，边缘处鳞片色浅或白色，具毛状物或絮状物，菌盖边缘初时内卷，后平展，部分菌幕残留于菌盖边缘，白色。菌褶白色，密，弯生，不等长。菌柄中生或偏生，常向一侧弯曲，实心，坚韧。菌环窄，易消失，菌环以下有纤毛状鳞片。

【是否有毒】

否。本种为常见食用菌。

【生境】

秋冬季单生或散生于阔叶树腐木上。

【濒危等级】

无危（LC）。

【学　名】*Lentinula sajor-caju*（Fr.）Diksha Sharma，V. P. Singh & N. K. Singh

【中文名】环柄香菇

【宏观特征】

子实体中型。菌盖幼时软革质，老后变硬，凸镜形、中凹至杯形、漏斗形，幼时污白色，常具灰色斑点，老后淡黄色、灰黄褐色至灰褐色，光滑至略被茸毛，具细小鳞片，常具条纹。菌肉韧，干时坚硬，角质，白色。菌褶延生，污白色或与盖同色，薄，窄，密。菌柄中生，偶偏生或侧生，圆柱形，硬，实心，白色至与菌盖同色。菌环幼时白色至淡黄褐色，厚，后期脱落，但常仍有环痕。

【是否有毒】

否。本种幼时可食，老后较韧，不宜食用。

【生境】

夏秋季群生于阔叶树腐木上。

【濒危等级】

数据缺乏（DD）。

【学　名】*Lentinus arcularius* (Batsch) Zmitr.

【中文名】漏斗韧伞

【宏观特征】

子实体一年生，幼时肉质，老后革质。菌盖圆形，表面幼时乳黄色，干后黄褐色，被暗褐色或红褐色鳞片；边缘锐，干后略内卷。菌肉淡黄色至黄褐色。孔口表面干后浅黄色或橘黄色，多角形；菌管略延生，与孔口表面同色。菌柄常弯曲，基部稍粗，与菌盖同色。

【是否有毒】

否。

【生境】

夏秋单生于阔叶树腐木上。

【濒危等级】

无危（LC）。

【学　名】*Lentinus squarrosulus* Mont.

【中文名】翘鳞韧伞

【宏观特征】

菌盖薄，幼时凸镜形，中凹至深漏斗形，灰白色、淡黄色，被同心环状、上翘至平伏的灰色至褐色丛毛状小鳞片，后期脱落；边缘初内卷，薄，偶具开裂。菌肉白色，革质。菌褶延生，分叉，白色至淡黄色，密。菌柄圆柱形，近中生或稍偏生，实心，与菌盖同色，基部略细，被丛毛状小鳞片。

【是否有毒】

否。本种据记载幼时可食，老后不宜食用。

【生境】

夏秋单生或散生于阔叶树腐木上。

【濒危等级】

无危（LC）。

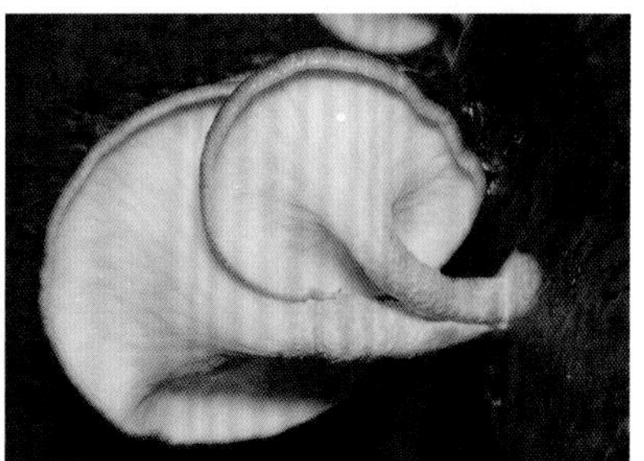

【学　名】*Lentinus tigrinus*（Bull.）Fr.

【中文名】虎皮韧伞

【宏观特征】

菌盖薄且柔韧，凸镜形中凹至深漏斗形，灰白色、淡黄色；干，被上翘至平伏的灰色至褐色丛毛状小鳞片；边缘初内卷，薄，后期撕裂状。菌肉薄，革质，白色。菌褶延生，偶具分叉，白色至淡黄色，稍密，薄。菌柄近中生至偏生，成熟后近侧生，圆柱形，实心，白色，通常基部稍膨大，被丛毛状小鳞片。

【是否有毒】

否。本种可食，幼时食用最佳，老后韧革质。

【生境】

夏季单生或散生于阔叶树腐木上。

【濒危等级】

无危（LC）。

【学　名】*Lentinus velutinus* Fr.

【中文名】褐绒韧伞

【宏观特征】

菌盖薄，革质，幼时半球形，老后深脐状至阔漏斗状或杯状，被茸毛至硬毛、刺或小鳞片，偶裂开；菌褶延生，幼时白色，老后淡黄色至黄褐色；菌柄细，圆柱形，中生，基部稍粗，实心，表面被茸毛；菌肉白色，薄，革质，干时硬。

【是否有毒】

否。据记载可食。

【生境】

夏秋季单生或散生于阔叶树腐木上。

【濒危等级】

无危（LC）。

【学　名】*Leucoagaricus rubrotinctus*（Peck）Redhead

【中文名】红盖白环蘑

【宏观特征】

子实体小型至中型。菌盖偶椭圆形，老后透镜形至近平展，粉红色、粉橙色至橘黄色，中部具凸起，颜色较深，具浅沟纹，干，边缘色浅，呈粉棕色至浅红棕色；菌盖具纤维质辐射状鳞片，白色。菌柄白色，较软，棒状，基部稍粗，具白色菌丝体；菌环上位易脱落；菌肉白色，气味和味道不明显。

【是否有毒】

是。

【生境】

夏秋季单生至散生于林中地上或草丛中。

【濒危等级】

无危（LC）。

【学 名】*Leucoagaricus tangerinus* Y. Yuan & J. F. Liang

【中文名】橘红白环蘑

【宏观特征】

子实体小型至中型。菌盖幼时近钟形，老后近平展或稍凸，菌盖浅橙褐色至深橙色到略带褐色，中央深橙色或褐色，具明显放射状纤维质鳞片，边缘偶具开裂，具白色絮状菌幕。菌肉白色，薄，易碎。菌褶离生，中等密，灰白色。菌柄圆柱形，基部稍膨大，中空，菌环上位，膜质，菌环上部白色，下部白色至黄白色或棕色，具细小同色鳞片，菌环下常具透明液滴，易消失。气味和味道不明显。

【是否有毒】

未知。

【生境】

夏秋季单生至散生于林中地上或草丛中。

【濒危等级】

数据缺乏（DD）。

【学　名】*Leucocoprinus birnbaumii*（Corda）Singer

【中文名】纯黄白鬼伞

【宏观特征】

子实体小型。菌盖幼时长椭圆形至长钟形，后平展，中央具脐凸，肉质幼时纯黄色，成熟后白色，中央浅黄色，具明显沟纹；幼时菌盖覆明显黄色块状鳞片，老后顶端淡黄色、浅黄色，具不明显鳞片。菌褶淡黄色、乳黄色，不等长，直生。菌柄幼时黄色或与菌盖同色，具明显块状鳞片，成熟后白色或淡黄色，具细小鳞片，圆柱形，基部膨大，菌环上位或中位，易脱落，幼时黄色，老后淡黄色。

【是否有毒】

是。

【生境】

春季单生至散生于林中地上。

【濒危等级】

无危（LC）。

【学　名】*Leucocoprinus fragilissimus*（Ravenel ex Berk. & M. A. Curtis）Pat.

【中文名】易碎白鬼伞

【宏观特征】

子实体小型。菌盖平展，膜质，易碎，具辐射状褶纹，近白色，被黄色至浅绿黄色的粉质细鳞，老后近白色，中部略带黄色。菌肉极薄。菌褶离生，黄白色。菌柄圆柱形，白色或淡绿黄色，脆弱。菌环上位，膜质，白色。

【是否有毒】

是。

【生境】

夏秋季单生至散生于林中地上或草丛中。

【濒危等级】

无危（LC）。

【学　名】*Lignosus rhinocerus*（Cooke）Ryvarden

【中文名】核生柄孔菌

【宏观特征】

子实体小型。子实体一年生，具中心柄，单生，菌柄基部具一个明显的菌核。新鲜时气味和味道不明显，干燥时，软木质。菌盖具明显的同心圆，淡黄棕色至桂红色，具不明显的细茸毛。边缘薄，白色。菌肉较薄。菌孔圆形，偶多角，全缘。菌柄中生，常弯曲，圆柱形，上部浅青黄色，下部色深，基部呈浅红棕色。

【是否有毒】

未知。

【生境】

夏秋季单生至散生于阔叶树腐木上。

【濒危等级】

数据缺乏（DD）。

【学　名】*Lycoperdon fuscum* **Bonord.**

【中文名】褐皮马勃

【宏观特征】

子实体小型，广陀螺形或梨形，具不孕基部，较短，白色。外包被具不明显的暗色至棕色、浅棕红色细微颗粒状小疣。内包烟色，膜质浅。孢体烟色。基部具短菌索。

【是否有毒】

否。幼时可食。

【生境】

夏季单生于阔叶林地上。

【濒危等级】

数据缺乏（DD）。

【学　名】*Lycoperdon pusillum* Hedw.

【中文名】小马勃

【宏观特征】

子实体小型，近球形至球形，幼时白色，后边浅茶色、浅棕色、浅灰褐色，偶土黄色，无不孕基部，有根状菌丝束固定于基物上。外包被由细小易脱落的颗粒组成。内包被薄，光滑。菌肉幼时白色，老后浅茶色、浅棕色。

【是否有毒】

否。幼时可食，老后可药用。

【生境】

夏季单生于阔叶林地上。

【濒危等级】

数据缺乏（DD）。

【学　名】*Lycoperdon umbrinum* Hornem.

【中文名】暗褐马勃

【宏观特征】

子实体小型，近球形、扁球形。外包被在幼时白色、黄白色至棕黄色，成熟后呈浅褐色至深褐色，被丛状小疣颗粒或小刺，宿存或老后偶部分脱落。无柄，不育基部发达，具污白色的根状菌索。

【是否有毒】

否。本种可药用。

【生境】

夏秋季单生或散生于阔叶林或混交林地上。

【濒危等级】

数据缺乏（DD）。

【学　名】*Macrocybe lobayensis*（R. Heim）Pegler & Lodge

【中文名】洛巴伊大口蘑

【宏观特征】

菌盖直径3 ~ 28 cm，污白色、淡灰色、淡灰褐色，初期半球形，后期平展或中部略下凹。菌肉白色，略带蘑菇香味。菌褶白色，不等长，弯生。菌柄白色，实心，基部膨大，常多个相连。

【是否有毒】

否。目前已人工驯化栽培，商品名金福菇。

【生境】

夏季常丛生或簇生于杧果树、榕树、蕉林、草地等地上。

【濒危等级】

无危（LC）。

【学　名】*Marasmiellus candidus*（Fr.）Singer

【中文名】白微皮伞

【宏观特征】

子实体小型。菌盖扁，钟形、凸镜形至平展，中央下凹，膜质，白色至灰白色，有茸毛，边缘有条纹或沟条纹，具缺刻。菌肉白色，薄。菌褶直生至稍延生，稀，白色，不等长，具分枝和横脉。菌柄侧生，短，圆柱形，白色，基部具白色菌丝体。

【是否有毒】

未知。

【生境】

夏秋季群生于阔叶树腐木或枯枝上。

【濒危等级】

无危（LC）。

【学　名】*Marasmius berteroi*（Lév.）Murrill

【中文名】伯特路小皮伞

【宏观特征】

子实体小型。菌盖钟形至凸镜形，橙黄色、橙红色、橙褐色，被短茸毛，有沟纹，中部微脐凹或突起。菌肉近白色至带菌盖颜色，薄。菌褶不等长，白色至浅黄色，直生至弯生。菌柄上部与菌盖近同色至带紫褐色，颜色较浅，下部紫褐色，有光泽，基部具菌丝体。

【是否有毒】

未知。

【生境】

夏秋季群生于阔叶林中枯枝落叶上。

【濒危等级】

无危（LC）。

【学　名】*Marasmius elegans*（Cleland）Grgur.
【中文名】优雅小皮伞

【宏观特征】

子实体小型。菌盖幼时半球状至扁半球状，橙黄色至橙色，老后平展，深橙黄色至栗色，光滑，表面具细微茸毛，幼时盖缘稍内卷，老后平展。菌褶白色至浅黄白色、浅橙色，稍密，直生，不等长，一侧突出。菌柄圆柱形，幼时白色，具不明显白色茸毛，成熟后下部深橙黄色至深栗色，幼时基部具大量白色菌丝体，成熟后，菌丝体淡黄白色，形成垫状，附着于基物上。

【是否有毒】

未知。

【生境】

夏秋季群生于阔叶树腐殖质层。

【濒危等级】

数据缺乏（DD）。

【学　名】*Marasmius haematocephalus*（Mont.）Fr.

【中文名】红盖小皮伞

【宏观特征】

担子果小型，菌盖幼时呈钟形，成熟后呈平展脐凸形；整体为紫红色，密生微细茸毛；菌肉呈白色，薄。菌褶不等长，有横脉。菌柄棒形，深褐色至黑褐色，基部稍膨大呈吸盘状。

【是否有毒】

未知。

【生境】

夏秋季群生于阔叶林中落叶上。

【濒危等级】

无危（LC）。

【学　名】*Marasmius laticlavatus* Wannathes, Desjardin & Lumyong

【中文名】宽紫小皮伞

【宏观特征】

菌盖平展、透镜形至漏斗状，具明显褶皱，平滑，无茸毛，浅棕色至棕色，边缘黄灰色至带灰色的奶油色。菌肉灰黄色，薄。菌褶直生，稀疏，浅黄色至奶白色。菌柄细长，中空，圆柱形，基部近球形，无茸毛，褐色、橙色至红棕色。气味和味道不明显。

【是否有毒】

未知。

【生境】

夏季单生于阔叶树腐木和枯枝上。

【濒危等级】

数据缺乏（DD）。

【学　名】*Marasmius leveilleanus*（Berk.）Sacc. & Trotter

【中文名】莱氏小皮伞

【宏观特征】

子实体小型。菌盖宽斗笠状、扁半球状，橙黄色、橙红色或橙褐色，干，被不明显短茸毛，具明显沟纹，微具脐。菌肉薄，近白色至带菌盖颜色。菌褶等长，偶具小褶，白色至浅黄色，弯生。菌柄圆柱型，向下渐细，黑色至带紫褐色，顶部色稍浅，有光泽，基部无菌丝体。

【是否有毒】

未知。

【生境】

夏季单生于阔叶树腐木和枯枝上。

【濒危等级】

数据缺乏（DD）。

【学　名】*Marasmius maximus* Hongo

【中文名】大小皮伞

【宏观特征】

子实体中型，幼时为钟形或半球形，老后平展，常中部稍突起，表面稍呈水渍状，具辐射状沟纹，呈皱状，黄褐色至棕褐色，中部常深褐色，中部到菌盖边缘颜色逐渐变淡，淡褐色或淡黄色。菌肉较薄，肉质或半革质。菌褶凹形，较稀，不等长，与菌盖边缘同色。菌柄圆柱形，等粗，革质，硬，被粉末状附属物，实心。

【是否有毒】

未知。

【生境】

夏秋季散生、群生于林内枯枝落叶上。

【濒危等级】

无危（LC）。

【学　名】*Marasmius neosessilis* Singer

【中文名】无柄小皮伞

【宏观特征】

子实体小。菌盖扇形、侧耳形或扇形，表面幼时白色，成熟后橙褐色或浅红褐色，膜质，不黏，有细短茸毛或光滑、边缘平整，具浅沟纹。菌肉白色，薄。菌褶黄白或奶黄色，直生，稀疏，似具横脉，偶分叉，窄，不等长。菌柄侧生或无，近似盖色，有毛，内部实心。

【是否有毒】

未知。

【生境】

夏季单生或散生于阔叶树腐木。

【濒危等级】

无危（LC）。

【学　名】*Marasmius oreades*（Bolton）Fr.

【中文名】硬柄小皮伞

【宏观特征】

菌盖幼时扁半球形，老后平展，浅肉色至黄褐色，中部稍突起，边缘平滑，湿时可见条纹。菌肉薄，近白色。菌褶白色至污白色，直生，稀疏，不等长。菌柄圆柱形，黄白色至浅褐色，表面被一层绒毛状鳞片，实心。

【是否有毒】

否。据记载具有药用价值。

【生境】

夏季群生于草地、路边等。

【濒危等级】

无危（LC）。

【学　名】*Marasmius purpureostriatus* Hongo

【中文名】紫条沟小皮伞

【宏观特征】

子实体小型。菌盖幼时钟形至半球形，中部常下凹呈脐形，顶端具小突起，具放射状紫褐色或浅紫褐色沟条，后期盖面色变浅。菌肉薄，污白色。菌褶近离生，污白色至乳白色，稀疏，不等长。菌柄圆柱形，污白色，表面有微细茸毛，基部常有白色粗毛，空心。

【是否有毒】

未知。

【生境】

夏季单生或散生于竹林枯枝落叶层。

【濒危等级】

无危（LC）。

【学　名】*Meiorganum curtisii*（Berk.）Singer，J. García & L. D. Gómez

【中文名】覆瓦假皱孔菌

【宏观特征】

子实体中型，一年生。菌盖半圆形或扇形，偶近圆形，平伏至反卷，肉质，表面新鲜时棕褐色、金黄色至黄褐色，光滑或被细茸毛，干后黑褐色，较脆，边缘锐，幼时全缘，成熟后波状，与菌盖同色或略浅，干后内卷。不育边缘窄，新鲜时鲜黄色。菌褶表面新鲜时黄褐色至蜜褐色，干后黑褐色，较密，波状，分叉交织成网状，不等长。菌肉薄，干后浅黄褐色至暗褐色。

【是否有毒】

是。

【生境】

夏秋季生于针叶树倒木或腐木上。

【濒危等级】

无危（LC）。

【学　名】*Microporus affinis*（Blume & T. Nees）Kuntze

【中文名】近缘小孔菌

【宏观特征】

子实体小型，一年生，具侧生柄，木栓质。菌盖半圆形至扇形，表面淡黄色至黑色，具明显的环纹和环沟。孔口表面新鲜时白色至奶油色，干后淡黄色至赭石色，圆形。边缘薄，全缘。菌肉新鲜时白色，干后淡黄色。菌管与孔口表面同色。菌柄暗褐色至褐色，光滑。

【是否有毒】

未知。

【生境】

春季至秋季群生于阔叶树倒木或落枝上。

【濒危等级】

无危（LC）。

【学　名】*Micropsalliota arginophaea* Heinem.

【中文名】细鳞小蘑菇

【宏观特征】

子实体小型。菌盖直径1～2 cm，半球形至平展，偶钟形，近伞状到伞状，菌盖表皮具纤维状、浅红褐色鳞片，中部密，幼时菌盖边缘具白色鳞片残留，易脱落。菌肉白色。菌褶离生，较密，边缘具小菌褶，浅褐色到褐灰色或棕色，边缘稍白。菌柄中生，圆柱形，纤细，菌环上部略光滑，下部具白色纤维状鳞片。菌环白色上位，单层膜质，宿存。气味和味道不明显。伤不变色。

【是否有毒】

未知。

【生境】

夏秋单生或散生于阔叶林地上。

【濒危等级】

数据缺乏（DD）。

【学　名】*Micropsalliota megaspora* **R. L. Zhao, Desjardin, Soytong & K. D. Hyde**

【中文名】大孢小蘑菇

【宏观特征】

子实体小型。菌盖中部微凸起至平展，菌盖表面被浅褐色至深褐色丛毛状鳞片，无内卷。菌肉白色，菌褶致密，离生，不等长，淡褐色至棕褐色。菌柄圆柱状，基部稍膨大，中空，纤维质，上部近白色，下部淡褐色至棕褐色，菌环以上被粉状鳞片，菌环以下被纤毛状鳞片。菌环单生，膜质，易脱落，白色，边缘淡褐色。

【是否有毒】

未知。

【生境】

夏秋单生或散生于阔叶林地上。

【濒危等级】

数据缺乏（DD）。

【学　名】*Mucidula brunneomarginata*（Lj. N. Vassiljeva）R. H. Petersen

【中文名】褐褶边粘盖菌

【宏观特征】

子实体中等至较大。菌盖初期扁半球形，后渐平展，中部稍凸，暗褐色带青色，深褐色至浅褐色或朽叶色，表面湿润而黏或较黏，往往呈现放射条纹或皱纹，表皮可剥离。菌肉白色至污白色，较薄，无明显气味。菌褶白色至乳白色，较稀，宽，直生至近弯生，不等长，褶缘有黑褐色颗粒。菌柄柱形，稍弯曲，表面有明显的黑褐色颗粒及花纹，顶部白色，颗粒少，向下渐粗，色深，内部空心。

【是否有毒】

未知。

【生境】

夏秋季生于林地上。

【濒危等级】

无危（LC）。

【学 名】 ***Multiclavula clara*** **(Berk. & M. A. Curtis) R. H. Petersen**

【中文名】 亮丽衣瑚菌

【宏观特征】

子实体小型，棒状，新鲜时橘黄色，干后呈褐橙色，基部微红。菌肉菌丝平行排列，壁较厚，有锁状联合，但少而不明显。可育部分宽，顶部圆钝。

【是否有毒】

未知。

【生境】

夏秋季生于林地上，菌柄基部与藻类相连。

【濒危等级】

数据缺乏（DD）。

【学　名】*Mutinus caninus*（Schaeff.）Fr.

【中文名】蛇头菌

【宏观特征】

子实体小到中型。幼担子球形、卵圆形至椭圆形，孢托圆柱形，中空，海绵质，橙黄色、粉红色，老后浅紫红色。顶部产孢组织长圆锥状，表面具明显瘤状物，鲜红色，覆盖暗绿色恶臭黏胶。菌托卵圆形至近椭圆形，白色。

【是否有毒】

否。可药用。

【生境】

春至秋季单生于地上。

【濒危等级】

无危（LC）。

【学　名】*Mycena arundinarialis* Pegler

【中文名】竹小菇

【宏观特征】

子实体微小至小型。菌盖半圆形至圆形中部颜色稍深，呈浅黄色，边缘白色，幼时内卷，全缘，成熟后平展，波浪状，具不明显白色茸毛。菌褶直生，稀疏，厚，白色，不具小褶，与菌盖总体形成似孔状。菌肉薄，白色。菌柄圆柱形，幼时近中生，成熟后，侧生，具白色附属物，基部具白色菌丝体。

【是否有毒】

未知。

【生境】

夏季群生于阔叶树腐木上。

【濒危等级】

数据缺乏（DD）。

【学　名】*Mycena dealbata* Velen.

【中文名】粉霜小菇

【宏观特征】

菌盖钟形或半球形，老后平展，中央稍下凹，初期玫红色，成熟后淡粉色，边缘渐浅至粉白色，表面具粉霜，易脱落，光滑，具透明状条纹，形成浅沟槽，边缘不平整，老后常开裂。菌肉初白色，薄，易碎，气味和味道淡胡萝卜味。菌褶直生至稍弯生，白色，与菌柄连接处锯齿状，褶间有明显横脉，褶缘颜色与褶面颜色相同。菌柄圆柱形，中空，脆骨质，白色或透明状，幼时密被白色细粉状颗粒，成熟后具稀疏颗粒物，基部有时膨大呈圆头状。

【是否有毒】

未知。

【生境】

夏季群生于阔叶树腐木上。

【濒危等级】

数据缺乏（DD）。

【学　名】*Neonothopanus nambi*（Speg.）R. H. Petersen & Krisai

【中文名】光茸菌

【宏观特征】

子实体小，侧耳形，肉质。菌盖幼时半圆形至贝壳形，幼时灰白色，成熟后鼠灰色至浅灰色，具明显纤维辐射状鳞片；边缘稍内卷、薄。菌肉薄，致密，白色。菌褶延生至柄，不等长，稍密，盖缘具小菌褶，白色。菌柄较短或基部短缩成似柄状物。

【是否有毒】

是。

【生境】

春至秋季叠生于阔叶树伐桩上。

【濒危等级】

数据缺乏（DD）。

【学 名】*Oudemansiella canarii*（Jungh.）Höhn.

【中文名】淡褐奥德蘑

【宏观特征】

菌盖初期半球形，后期渐平展，水浸状，潮湿环境黏，白色，边缘具不明显条纹。菌肉白色，较薄。菌褶弯生，宽，较稀疏，不等长，白色或略带粉色。菌柄圆柱形，纤维质，实心，白色或略带粉色，基部具白色菌丝。无菌环。

【是否有毒】

否。

【生境】

夏季单生或散生于阔叶树腐木，偶见于活立木树皮上。

【濒危等级】

无危（LC）。

【学　名】*Panellus pusillus*（Pers. ex Lév.）Burds. & O. K. Mill.

【中文名】小扇菇

【宏观特征】

子实体一年生，具侧生小短柄，软革质至稍木栓质。菌盖半圆形至宽扇形，新鲜时菌盖表面白色至奶油色，干后浅黄色，光滑，边缘锐，与菌盖表面同色。孔口表面新鲜时乳白色至奶油色，干后奶油色至浅黄色；边缘稍厚，全缘。菌肉浅黄色，极薄。菌管与孔口表面同色。本种有荧光。

【是否有毒】

未知。

【生境】

夏秋季散生或群生于阔叶树落枝上。

【濒危等级】

数据缺乏（DD）。

【学　名】*Panellus stipticus*（Bull.）P. Karst.

【中文名】鳞皮扇菇

【宏观特征】

子实体小型，菌盖扇状，半圆形或肾形，浅土黄色、黄褐色至淡褐色，幼时肉质，老后革质；边缘幼时平展，老后稍内卷，边缘轮廓不规则形，偶撕裂或波状，干，具细茸毛，具龟裂纹或麸状小鳞片，淡黄棕色。菌肉白色、淡黄色。菌褶直生，密，具小褶，白色至淡黄棕色。菌柄侧生，短，基部渐细，淡肉桂色。

【是否有毒】

是。

【生境】

春至秋季群生于阔叶树腐木上。

【濒危等级】

无危（LC）。

【学　名】*Panus brunneipes* Corner

【中文名】纤毛革耳

【宏观特征】

菌盖中型，薄，革质，脐状至深漏斗形，表面不黏，暗褐色，干后栗褐色，偶具淡紫色，干，常具有环纹，被短茸毛，中央形成鳞片簇；边缘开始内卷，密布刺毛。菌褶弯生，短至长延生，苍白色、淡黄色至木色，近菌盖边缘常带淡紫色，窄，极密；褶缘平滑或微锯齿状。菌肉白色或浅褐色，革质。菌柄中生或偏生，棒状，顶部和基部稍粗，实心；表面棕褐色、深褐色，有辐射状条纹，被短茸毛至糙硬毛，近菌褶基部有刺毛簇。

【是否有毒】

未知。

【生境】

春夏季单生、群生于阔叶林中腐木上。

【濒危等级】

无危（LC）。

【学　名】 *Panus similis* (Berk. & Broome) T. W. May & A. E. Wood

【中文名】 绒柄革耳

【宏观特征】

菌盖中型至大型，薄，革质，深漏斗状或杯状；表面干，暗褐色，幼时常褐色略带淡紫色，中央被短茸毛，边缘有毛或无毛，具辐射状褶槽，无同心区域；边缘向下弯，偶辐射状浅裂，具纤毛。菌褶延生，不分叉或分叉，黄白色或黄褐色，成熟时变暗，近褶缘处有时有淡紫红色，窄，宽，褶较稀；褶缘平滑。菌柄中生、偏生或近侧生，圆柱形，基部稍扩展，实心；表面褐色，被单一的短绒毛或平伏茸毛或粗毛。常产生于假菌核。假菌核常巨大，凸镜形或不规则。菌肉近菌柄处厚，白色或淡黄色，革质。

【是否有毒】

未知。

【生境】

秋冬季单生或散生于阔叶树腐木。

【濒危等级】

无危（LC）。

【学　名】*Parasola plicatilis*（Curtis）Redhead，Vilgalys & Hopple

【中文名】褶纹近地伞

【宏观特征】

子实体小。菌盖幼时卵圆形，后钟形，成熟时平展，偶上翻，薄，近膜质，幼时表面灰黄色，老后色深，具明显放射状条纹。菌肉薄。菌褶幼时白色，老后灰黑色，易溶解。菌柄细长，白色，中空。孢子光滑，黑褐色。

【是否有毒】

是。

【生境】

春至秋季群生于阔叶树腐木上。

【濒危等级】

无危（LC）。

【学　名】*Phaeoclavulina cyanocephala*（Berk. & M. A. Curtis）Giachini

【中文名】蓝尖枝瑚菌

【宏观特征】

子实体中型，多分枝，幼时黄褐色，成熟后深棕色至褐色，被密集黄褐色茸毛，顶端幼时白色，成熟后蓝色，老后深蓝色。菌柄粗壮，常具假根。菌肉污白色。

【是否有毒】

未知。

【生境】

夏季生于阔叶林地上。

【濒危等级】

无危（LC）。

【学　名】*Phaeotremella foliacea*（Pers.）Wedin，J. C. Zamora & Millanes

【中文名】茶暗色银耳

【宏观特征】

子实体成熟后近球形，由叶状至花瓣状分枝组成，茶褐色至淡肉桂色，顶端平钝，无凹缺，边缘波浪状。菌肉胶质，白色，干后变硬。菌柄无或短，具菌丝融合的基部，硬。

【是否有毒】

否。可食用。

【生境】

夏秋季生于林中阔叶树腐木上。

【濒危等级】

无危（LC）。

【学　名】*Phallus indusiatus* Vent.

【中文名】长裙竹荪

【宏观特征】

子实体中到大型。幼担子卵形至近球形，土灰色至灰褐色，具不规则裂纹，成熟后具菌盖、菌裙、菌柄和菌托。菌盖钟形至近锥形，顶部白色平截，成熟后具明显开口，网脊边缘白色至奶油色，具恶臭的孢体。产孢组织暗褐色，呈黏液状，具臭味。菌裙网状，白色。菌柄圆柱形，白色，海绵质，空心。菌托污白色至淡褐色。

【是否有毒】

否。本种属食药用菌。

【生境】

夏秋季单生或散生于阔叶林地上。

【濒危等级】

无危（LC）。

【学　名】*Phallus rugulosus*（E. Fisch.）Lloyd

【中文名】细皱鬼笔

【宏观特征】

子实体中到大型。幼担子卵圆形至近球形，成熟后菌盖近钟形，具细微皱纹，被灰黑色恶臭黏液。菌柄圆柱形，上部红色，下部白色，中空，海绵状，向下渐粗。菌托白色，有弹性。

【是否有毒】

否。可药用。

【生境】

春至秋季单生于地上。

【濒危等级】

数据缺乏（DD）。

【学　名】*Phlebopus portentosus*（Berk. & Broome）Boedijn

【中文名】暗褐脉柄牛肝菌

【宏观特征】

子实体中到大型，幼时半球形、透镜形，中部稍突起，老后稍下凹，暗橄榄棕色至黄棕色，老后或低温后颜色变深至黑褐色、棕黑色。菌肉较厚，幼时柠檬色、橙黄色至浅黄棕色，老后暗棕色，伤变色；菌柄圆柱形，等粗，基部稍细，幼时与菌盖同色，老后颜色加深，伤后，上部变蓝，下部变暗红色至暗橙红色，暗柠檬黄色。菌孔幼时亮黄色、柠檬黄色，老后暗褐色。

【是否有毒】

否。可食用。

【生境】

春至秋季单生于地上。

【濒危等级】

无危（LC）。

【学　名】*Pholiota aurivella*（Batsch）P. Kumm.

【中文名】金毛鳞伞

【宏观特征】

子实体中型。菌盖幼时半球形至扁半球形，老后平展，湿时黏，黄色、橙黄色、金黄色，具平伏状鳞片，老后易脱落；盖缘幼时内卷，具块状鳞片。菌肉厚，淡黄色至柠檬黄色。菌褶密，直生，黄色至锈黄色，老后近褐色。菌柄圆柱形，基部常假根状，黏，白色至淡黄色，具反卷状鳞片，实心。菌环上位，易脱落。

【是否有毒】

否。可食用。

【生境】

春季丛生于阔叶树腐木上。

【濒危等级】

无危（LC）。

【学　名】*Phylloporus bellus*（Massee）Corner

【中文名】美丽褶孔牛肝菌

【宏观特征】

菌盖扁平至平展，被黄褐色至红褐色绒状鳞片，菌肉米色至淡黄色，伤不变色或稍变蓝色，菌褶延生，不等长，稍稀，黄色，伤后或触摸后变蓝色。菌柄圆柱形，被白色茸毛，幼时白色至黄白色，老后褐色至红褐色，基部有白色菌丝体。

【是否有毒】

否。本种据记载可食，建议谨慎食用。

【生境】

夏季单生于针阔混交林地上。

【濒危等级】

无危（LC）。

【学　名】*Picipes badius*（Pers.）Zmitr. & Kovalenko

【中文名】黄褐黑斑根孔菌

【宏观特征】

子实体单生或群生，偶见柄上两个或多个子实体。菌盖呈圆形或肾形，通常呈裂片状或边缘呈波浪状。幼时菌盖凸起，成熟后扁平或漏斗状。菌盖光滑有光泽，具放射状皱纹；菌盖棕色，颜色向中部加深；菌孔白色或奶油色，成熟后泛黄，圆形。菌柄光滑，深棕色至黑褐色，老时呈黑色。

【是否有毒】

未知。

【生境】

春季覆瓦状生于阔叶树腐木上。

【濒危等级】

无危（LC）。

【学　名】*Pisolithus arhizus*（Scop.）Rauschert

【中文名】豆马勃

【宏观特征】

子实体小型，不规则球形至扁球形。包被薄而易碎，成熟后顶端具粉状孢子。表面光滑，初期为米黄色，后变为褐色至锈褐色、青褐色，成熟后上部片状脱落，切开剖面有彩色豆状物。菌柄由子实体下部皱缩形成，具青黄色的根状菌索。

【是否有毒】

是。

【生境】

夏秋季单生或群生于桉树林地上。

【濒危等级】

无危（LC）。

【学　名】*Pleurotus djamor*（Rumph. ex Fr.）Boedijn

【中文名】桃红侧耳

【宏观特征】

子实体中型，覆瓦状叠生或丛生，偶散生。菌盖宽3～7 cm，匙形、肺形、扇形，表面光滑，粉红色、淡粉色；成熟后菌盖中部略被细茸毛；边缘幼时内卷，具有浅条纹，盖缘薄，脆，完整。菌肉淡粉色。菌褶延生，常在菌柄处交织成网状或二叉状，密，薄，褶缘完整。菌柄侧生，被茸毛。

【是否有毒】

否。本种可以食用。

【生境】

春季或初夏覆瓦状叠生或丛生于阔叶树腐木上。

【濒危等级】

无危（LC）。

【学　名】*Pleurotus giganteus*（Berk.）Karun. & K. D. Hyde

【中文名】巨大侧耳

【宏观特征】

子实体大型。菌盖漏斗状，中部具深凹，中部具明显的褐色、浅棕色鳞片，边缘鳞片上翘、渐少，色淡，污白色，波浪状，下沿或稍内卷，薄。菌肉白色至污白色。菌褶白色，密，不等长，延生，近菌柄初具明显分叉或网格状。菌柄圆柱形，实心，具褐色、浅褐色棉絮状鳞片，上部较多，下部较少，基部具白色茸毛。

【是否有毒】

否。本种可以食用。

【生境】

夏秋季散生或簇生于阔叶树腐木上。

【濒危等级】

无危（LC）。

【学　名】*Pleurotus ostreatus*（Jacq.）P. Kumm.

【中文名】糙皮侧耳

【宏观特征】

子实体覆瓦状丛生。菌盖扇形、肾形、浅喇叭形；初期颜色稍深，其后颜色渐淡，成熟时呈灰白色至白色；肉质表面光滑，下凹部分偶具白色茸毛。菌肉厚，肉质，白色，幼时软，老后硬。菌褶白色，稍密集至稍稀疏，长短不一，延生，在菌柄上交织成网络状。菌柄侧生，短或无，内实，白色，基部常有白色茸毛。孢子印白色。

【是否有毒】

否。本种可以食用。

【生境】

夏秋季散生或簇生于阔叶树腐木上。

【濒危等级】

数据缺乏（DD）。

【学 名】*Pleurotus tuber-regium*（Fr.）Singer

【中文名】具核侧耳

【宏观特征】

子实体中型至大型，单生或丛生。菌盖漏斗形或杯形，后平展，中央稍下凹，菌肉肉质至略带皮革质，具散生鳞片，中部鳞片稍密，淡灰白色到肉桂色，无条纹，边缘初内卷，薄，具菌幕残留。菌褶延生，密，苍白至淡褐色至淡黄色，边缘完整。菌柄中生，偶偏生，圆柱形，中实，表面与菌盖同色或稍黑，通常有和菌盖表面一样贴生的小鳞片，基部常具菌核。

【是否有毒】

否。本种可以食用。

【生境】

夏秋季散生或簇生于阔叶树腐木上。

【濒危等级】

数据缺乏（DD）。

【学　名】*Plicaturopsis crispa*（Pers.）D. A. Reid

【中文名】波状拟褶尾菌

【宏观特征】

子实体丛生，幼时软革质，成熟后稍硬，具不明显深色茸毛，具多分枝，顶端尖，幼时深蛋壳色，后渐变为锈褐色、深褐色，干后色深。基部联合。

【是否有毒】

未知。

【生境】

夏秋季生于阔叶林地上。

【濒危等级】

无危（LC）。

【学　名】*Pluteus admirabilis*（Peck）Peck

【中文名】黄光柄菇

【宏观特征】

菌盖钟形、半球形至凸镜形，中央略突起，初期亮黄色，后黄色至黄褐色，具明显皱纹，边缘条纹不明显。菌白色至淡黄色。菌褶离生，不等长，密，初期白色，后黄色至粉红色。菌柄圆柱形，基部稍膨大，近白色、淡黄色至黄色，脆骨质，内部松软至空心。

【是否有毒】

是。

【生境】

春季单生或散生于阔叶树腐木上。

【濒危等级】

数据缺乏（DD）。

【学　名】*Pluteus ephebeus*（Fr.）Gillet

【中文名】鼠灰光柄菇

【宏观特征】

菌盖初期近半球形，后渐平展，灰褐色至暗黑褐色，幼时近光滑，老后具深色纤毛状鳞片，中部较多，潮湿时稍黏。菌肉薄，白色。菌褶稍密，离生，不等长，白色至粉红色、肉粉色。菌柄近圆柱形，上部近白色，中下部具粉色附属物，脆，内部实心至松软，基部无菌丝体。

【是否有毒】

否。据记载可食，但味道不鲜美，不建议食用。

【生境】

夏秋季生于倒木上或林中地上。

【濒危等级】

无危（LC）。

【学　名】*Pluteus hirtellus* Desjardin & B. A. Perry

【中文名】细毛光柄菇

【宏观特征】

子实体中型。菌盖平凸，老后稍凹，具辐射状纤维鳞片，干，深棕色，边缘灰褐色。菌肉质软，暗白色。菌褶离生，灰红色。菌柄中生，圆柱状，实心，表面暗白色，无毛或具少量纤维质茸毛。

【是否有毒】

否。据记载可食，但建议慎食。

【生境】

夏秋季散生于阔叶树腐木上。

【濒危等级】

数据缺乏（DD）。

【学　名】*Pluteus pellitus*（Pers.）P. Kumm.

【中文名】白光柄菇

【宏观特征】

子实体中型。菌盖幼时扁半球形，成熟后平展，中部下凹，中央稍突起，白色、近白色，中部稍暗，具丝光。菌肉较薄，白色。菌褶白色至粉红色，密，窄，离生，不等长，边缘锯齿状。菌柄圆柱形，具丝光，上部与菌盖同色或白色、近白色，下部黄褐色，向下颜色渐深，基部稍膨大，具白色、黄白色或黄褐色菌丝体。

【是否有毒】

否。据记载可食，但建议慎食。

【生境】

夏秋季散生于阔叶树腐木上。

【濒危等级】

无危（LC）。

【学　名】*Pluteus phlebophorus*（Ditmar）P. Kumm.

【中文名】皱皮光柄菇

【宏观特征】

菌盖平展，中央略突起，中部色深，呈淡红褐色，向外颜色渐浅，偶颜色略浅；盖表皮明显褶皱状；边缘平展，无条纹。菌褶离生，不等长，稍密，初白色，后粉色。菌柄圆柱形，与菌盖同色或近同色，具不明显腺点，基部膨大，具苍白色菌丝体。

【是否有毒】

是。

【生境】

春季单生或散生于阔叶树腐木上。

【濒危等级】

数据缺乏（DD）。

【学　名】*Pluteus plautus*（Weinm.）Gillet

【中文名】粉褶光柄菇

【宏观特征】

子实体中型。菌盖幼时扁半球形，后透镜形至稍平展，中部稍下凹，白色、近白色、略带粉色，中部稍暗，具明显沟纹。菌肉较薄，白色。菌褶白色，老后粉红色，密，窄，离生，不等长。菌柄圆柱形，具绒状斑点，上部近白色、肉色，下部白色，向下颜色渐浅，基部稍膨大，具黄白色或黄褐色菌丝体。

【是否有毒】

未知。

【生境】

夏季散生于阔叶树腐木上。

【濒危等级】

无危（LC）。

【学　名】*Pluteus variabilicolor* Babos

【中文名】变色光柄菇

【宏观特征】

子实体中型至大型。菌盖幼时透镜形至平凸，成熟后平展，中凸，橙黄色至黄色，中部色深，呈黄褐色、深橙黄色，盖缘幼时具条纹，老后条纹不明显。菌褶离生，密，幼时粉白色，老后肉色，不等长，无分叉。菌肉浅黄白色。菌柄圆柱形，幼时白色，表面具纤维状菌丝，褐色或深橙黄色腺点，老后深橙黄色至棕色，纤维状菌丝及腺点明显。菌肉浅黄白色。

【是否有毒】

未知。

【生境】

夏季散生于阔叶树腐木上。

【濒危等级】

数据缺乏（DD）。

【学　名】*Podoscypha brasiliensis* D. A. Reid

【中文名】巴西柄杯菌

【宏观特征】

子实体革质，群生，漏斗状，部分一侧开裂呈扇形或匙形，有时相互连生。菌盖边缘薄而锐，有细锯齿状缺刻到浅棕色至棕褐色，多数具色深同心环带，光滑，偶具有放射状皱纹，干后褐色至深褐色，向子实层面翻卷。子实层白色，灰褐色至棕褐色，光滑，偶具有放射状皱纹，多数具有明显色深同心环带，干后灰褐色、乳黄色、褐色至黄褐色。柄长淡棕至棕褐色，表面具形成细茸毛的粗壮菌丝，棒状，侧面常有1个至多个波曲，厚壁棕褐色，或靠近顶部薄壁透明，顶部多数钝圆，有时分叉，菌柄基部以淡棕色菌丝垫附着于基物上。

【是否有毒】

未知。

【生境】

夏秋季散生于阔叶树腐木上。

【濒危等级】

数据缺乏（DD）。

【学　名】*Ponticulomyces orientalis*（Zhu L. Yang）R. H. Petersen

【中文名】东方小长桥菌

【宏观特征】

子实体小型至中型。菌盖平展，中部略突起，污白色至白色，较黏。菌肉半透明至近白色。菌褶厚而稀。菌柄圆柱形，淡褐色至近白色，被茸毛，基部膨大，无假根，具白色菌丝体。菌环无。

【是否有毒】

否。据记载可食。

【生境】

夏秋季生于亚热带林中腐木上。

【濒危等级】

数据缺乏（DD）。

【学　名】*Psathyrella corrugis*（Pers.）Konrad & Maubl.

【中文名】细脆柄菇

【宏观特征】

菌盖幼时钝圆锥形，成熟时钟状到凸起，最初边缘具条纹，在成熟期不明显，表面湿润，潮湿，棕色至淡褐色，中部通常暗黄棕色；菌肉薄，颜色同菌盖。菌褶直生，中等宽，近密，浅暗黄色、棕灰色；菌柄细长，纤细，脆，成熟时实心，等粗，有时扭曲，偶尔具有稀疏的白色菌丝体和黏附的基质作为假根，顶端表面附着粉霜；孢子紫褐色。

【是否有毒】

未知。

【生境】

散生或群生于阔叶树腐木上。

【濒危等级】

无危（LC）。

【学　名】*Psathyrella pygmaea*（Bull.）Singer

【中文名】微小脆柄菇

【宏观特征】

子实体小型。菌盖初期扁半球形，后渐平展，中部钝圆，略微凸起，具半透明条纹；水浸状，不黏，幼时中部粉棕色，边缘淡褐色，成熟后颜色变淡，边缘渐变为淡棕色；干后具褶皱，边缘内卷，条纹不明显。菌肉灰棕色，薄，味道淡，微苦。菌褶密，幼时微白色，后变为粉棕色，老时红棕色，直生，不等长，边缘光滑。菌柄脆，中生，圆柱形，中空管状，初期污白色，渐变为淡棕色，丝光质，整个菌柄具白色粉霜状物。孢子印紫棕色。

【是否有毒】

未知。

【生境】

散生或群生于阔叶树腐木上。

【濒危等级】

数据缺乏（DD）。

【学　名】*Pseudofavolus tenuis*（Fr.）G. Cunn.

【中文名】薄蜂窝菌

【宏观特征】

子实体一年生，无柄，单生或覆瓦状叠生，干后硬革质。菌盖常半圆形，表面新鲜时灰褐色，干后赭色至褐色，光滑，具明显褐色同心环纹。孔口表面初期灰白色、浅灰色，后期烟灰色至灰褐色，蜂窝状，边缘薄，全缘。菌肉黄褐色，菌管老后烟灰色至灰褐色。

【是否有毒】

未知。

【生境】

夏秋季单生于阔叶树上。

【濒危等级】

数据缺乏（DD）。

【学 名】*Pseudohydnum gelatinosum*（Scop.）P. Karst.

【中文名】胶质刺银耳

【宏观特征】

子实体小型。菌盖贝壳形至近半圆形，胶质，表面光滑或具微细茸毛，幼时透明，白色至浅灰色，老后褐色或暗褐色。子实层面具肉刺，圆锥形，胶质，透明，白色至浅灰色。菌柄侧生，胶质，光滑，与菌盖近同色。

【是否有毒】

否。本种可食用。

【生境】

夏季单生于阔叶林或针阔混交林腐木上。

【濒危等级】

无危（LC）。

【学　名】*Pterulicium echo*（D. J. McLaughlin & E. G. McLaughlin）Leal-Dutra，Dentinger & G. W. Griff.

【中文名】翼状羽瑚菌

【宏观特征】

子实体小型，具大量分枝，向上渐细，通常具不定基部，基部淡黄色。次生分枝多样，粗或细，菌柄中下部浅棕色到棕色，伤变淡黄色。孢子光滑，椭圆形至梭形、近梭形。

【是否有毒】

未知。

【生境】

夏季群生于阔叶树树皮上。

【濒危等级】

数据缺乏（DD）。

【学　名】*Pulveroboletus icterinus*（Pat. & C. F. Baker）Watling

【中文名】黄疸粉末牛肝菌

【宏观特征】

子实体幼时陀螺形，具明显的粉末状外菌膜。菌盖扁半球形至凸镜形，初期覆厚硫黄色或灰硫黄色粉末，干时裂成块状。菌幕从盖缘延伸至菌柄，硫黄色，粉末状，后期菌盖边缘残留菌幕，雨后粉末状附属物易脱落。菌肉黄白色，伤后变浅蓝色，有硫黄气味。菌管弯生，橙黄色，粉黄色至淡肉褐色，伤后变青绿色、黄褐色、蓝绿色。孔口多角形。菌柄中生至偏生，圆柱形，向下渐粗，上覆有硫黄色粉末，伤后变灰蓝色至蓝色，基部硫黄色。菌环上位，粉末状，硫黄色，易脱落。

【是否有毒】

是。

【生境】

夏季单生或散生于针阔混交林地上。

【濒危等级】

无危（LC）。

【学　名】*Ramaria hemirubella* R. H. Petersen & M. Zang

【中文名】淡红枝瑚菌

【宏观特征】

子实体中型，菌柄粗壮，主枝数个，圆柱形。分枝3～7个，向上渐细，米色至浅赭色，枝顶深红色至红褐色。菌肉紧密。

【是否有毒】

否。据记载可食，建议谨慎食用！

【生境】

夏秋季生于阔叶林地上。

【濒危等级】

近危（NT）。

【学　名】*Resupinatus trichotis*（Pers.）Singer

【中文名】毛伏褶菌

【宏观特征】

子实体小型。菌盖贝壳状、肾形、扇形。幼时灰色，老后黑色，幼时边缘内卷，老后平展；具不明显条纹。菌柄缺失，以背部着生于基物上。菌褶幼时灰色，老后灰黑色至黑色，稀疏，不等长。

【是否有毒】

未知。

【生境】

夏秋季生于阔叶树腐木上。

【濒危等级】

无危（LC）。

【学　名】*Russula betularum* Hora

【中文名】桦林红菇

【宏观特征】

子实体小型。菌盖扁半球形至近平展，中部稍下凹，粉红色或淡肉粉色，湿润，平滑，边缘有粗糙条棱。菌肉白色，较薄，有麻辣味。菌褶白色，近直生。菌柄圆柱形，下部稍膨大，白色。

【是否有毒】

未知。

【生境】

夏秋季散生于阔叶林地上。

【濒危等级】

无危（LC）。

【学　名】*Russula griseocarnosa* X. H. Wang，Zhu L. Yang & Knudsen

【中文名】灰肉红菇

【宏观特征】

菌盖幼时钟形至扁半球形，老后平展，中央常稍下陷，亮红色、紫红色至紫红褐色，表皮易与菌肉分离。菌盖边缘幼时稍内卷，老后平展。菌肉幼时白色，老后或采摘后常灰色，不辣，烘干后有明显的花香。菌褶初白色，后常带灰色，菌褶边缘偶具与菌盖相似红色。菌柄圆柱形，实心，菌柄菌肉老后淡灰色。

【是否有毒】

否。可食用，当地人多用于产后恢复。

【生境】

夏季及秋季散生或群生于栲属树木林下。

【濒危等级】

数据缺乏（DD）。

【学　名】*Russula senecis* S. Imai

【中文名】点柄黄红菇

【宏观特征】

子实体中型。菌盖幼时近扁半球形至透镜形，后期平展，中部略凹陷，表面粗糙，边缘略反卷，偶菌幕残留，具疣状条棱；赭黄褐色、污黄色至暗黄褐色；湿时稍黏。菌肉浅黄色至暗黄色，具臭气味。菌褶直生至稍延生，密，污白色至淡黄褐色，边缘具褐色斑点，等长。菌柄圆柱形，上部略细，幼时白色至淡黄色，成熟后污黄色、肉桂色，具淡褐色小疣点，内部松软至空心，质地脆。

【是否有毒】

是。

【生境】

夏秋季单生或散生于阔叶林地上。

【濒危等级】

无危（LC）。

【学　名】 *Sanguinoderma elmerianum*（Murrill）Y. F. Sun & B. K. Cui

【中文名】 粗柄血芝

【宏观特征】

子实体一年生，具偏生柄。菌盖半圆形至扇形，表面灰褐色至黑褐色，干后黑褐色，具同心环沟。孔口表面乳白色，触摸后血红色，孔口近圆形。菌肉干后黑色。菌柄与菌盖同色，圆柱形。

【是否有毒】

否。具有一定的药用价值。

【生境】

春季生于阔叶树活立木或枯木上，造成木材白腐。

【濒危等级】

数据缺乏（DD）。

【学　名】*Sarcodontia delectans*（Peck）Spirin

【中文名】优美毡被孔菌

【宏观特征】

子实体大型，一年生。菌盖半圆形，幼时肉质，成熟后海绵质，老后软木栓质，表面乳白色至土黄色，被茸毛，粗糙，边缘钝。孔口表面乳白色至土黄色，多角形，边缘薄，全缘或略呈齿裂状。不育边缘不明显。菌肉浅黄色，海绵质至木栓质，具明显环带。菌管黄褐色，革质至纤维质，常扭曲。

【是否有毒】

未知。

【生境】

夏秋季单生于多种阔叶树上。

【濒危等级】

数据缺乏（DD）。

【学　名】*Schizophyllum commune* Fr.

【中文名】裂褶菌

【宏观特征】

子实体小型。菌盖常扇形，灰白色，被茸毛；边缘内卷，常呈瓣状，具条纹。菌肉白色，无味。菌褶白色，偶棕黄色，不等长，褶缘中部纵裂成深沟纹。菌柄无。

【是否有毒】

否。本种可以食用。

【生境】

群生或散生于阔叶树腐木上。

【濒危等级】

无危（LC）。

【学　名】*Scleroderma cepa* Pers.

【中文名】光硬皮马勃

【宏观特征】

子实体近球形或扁球形，黄白色至褐色，表面具不规则龟裂。无菌柄，基部具根状菌索。包被初期白色带粉红色，伤后变淡粉红色，干后变薄，后期呈不规则开裂，外包被外卷。

【是否有毒】

是。

【生境】

夏季散生或丛生于林中地上。

【濒危等级】

无危（LC）。

【学　名】 *Serpula similis*（Berk. & Broome）Ginns

【中文名】 相似干腐菌

【宏观特征】

子实体中到大型，肉质至软海绵质。菌盖扇形至不规则扇形、半圆形，波浪状，乳黄色、浅黄色至黄色。子实层黄褐色，皱孔状至孔状、网孔状，边缘具不孕层，幼时白色，老后黄色。菌肉浅奶油色，软木质至海绵质。无柄。

【是否有毒】

否。可药用。

【生境】

春秋季覆瓦状叠生于竹木基部，造成木材褐腐。

【濒危等级】

无危（LC）。

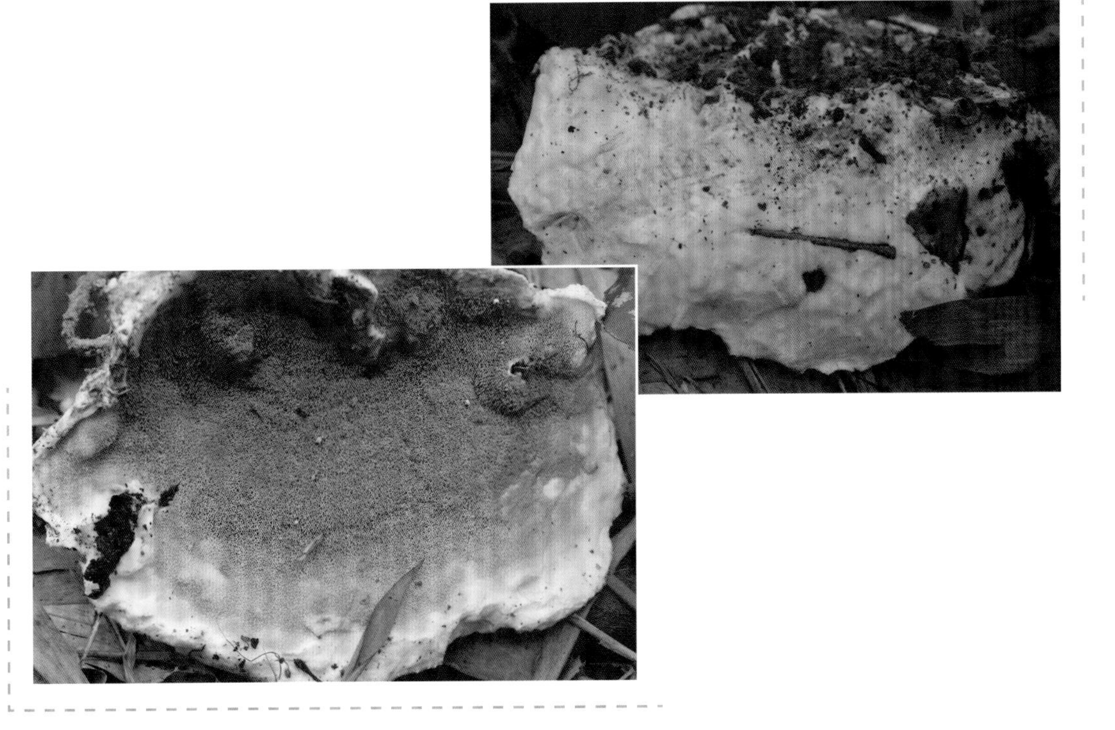

【学 名】*Singerocybe alboinfundibuliformis*（Seok，Yang S. Kim，K. M. Park，W. G. Kim，K. H. Yoo & I. C. Park）Zhu L. Yang，J. Qin & Har. Takah.

【中文名】白漏斗辛格杯伞

【宏观特征】

子实体小型。菌盖漏斗状，中空漏斗至菌柄基部，光滑，白色至黄白色，幼时边缘开裂，成熟后边缘下弯。菌褶延生，幼时白色，成熟后黄白色至橙白色。菌柄中生，圆柱形，向下渐细，光滑，与菌盖同色。

【是否有毒】

未知。

【生境】

秋季单生于阔叶林地上，常见于热带、亚热带地区。

【濒危等级】

数据缺乏（DD）。

【学　名】*Singerocybe humilis*（Berk. & Broome）Zhu L. Yang & J. Qin

【中文名】热带辛格杯伞

【宏观特征】

子实体小型。菌盖小，中央下陷至菌柄基部，表面白色至淡棕色，边缘有辐射状透明条纹。菌肉薄，白色，无特殊气味。菌褶延生，白色，窄，具显著网状结构。菌柄圆柱形，与菌盖同色或颜色略深，空心。

【是否有毒】

未知。

【生境】

秋季单生于阔叶林地上，常见于热带、亚热带地区。

【濒危等级】

数据缺乏（DD）。

【学　名】*Sphaerobolus stellatus* Tode

【中文名】弹球菌

【宏观特征】

子实体直径1.5 mm，近球形，淡黄色至鲜黄色，被白色细茸毛。外包被多层，成熟时星状开裂，露出橘黄色内表面，内部有1扁球形小包。小包直径1 mm，红褐色至巧克力色，黏，内含担子、担孢子、芽孢等。内包被膜质，污白色至米色，可将小包弹出子实体。

【是否有毒】

未知。

【生境】

夏季生于阔叶树树皮上，偶见生于活立木上。

【濒危等级】

无危（LC）。

【学　名】*Stereum ostrea*（Blume & T. Nees）Fr.

【中文名】轮纹韧革菌

【宏观特征】

子实体中等至大型。菌盖扁半球形，后平展，白色至灰白色、青灰色，有条纹。菌肉白色，厚。菌孔白色，延生在菌柄上交织，菌柄短或无，侧生，白色，内实，基部常有茸毛。

【是否有毒】

未知。

【生境】

夏季生于阔叶树树皮上，偶见生于活立木上。

【濒危等级】

无危（LC）。

【学　名】*Strobilomyces echinocephalus* **Gelardi & Vizzini**

【中文名】刺头松塔牛肝菌

【宏观特征】

菌盖初半球形，后凸镜形至近平展，污白色，菌盖表面具大量黑色至紫黑色、直立锥状鳞片，边缘悬垂黑色菌幕残片。菌肉白色，伤后变褐色，随后近黑色。菌管延生至近延生，孔口污白色至褐灰色，伤后变褐色，而后黑色。菌柄圆柱形，基部渐细，被密集黑色至近黑色鳞片，无菌环。

【是否有毒】

未知。

【生境】

夏季散生于混交林地上。

【濒危等级】

数据缺乏（DD）。

【学　名】*Strobilomyces strobilaceus*（Scop.）Berk.

【中文名】松塔牛肝菌

【宏观特征】

子实体中等至较大。菌盖初半球形，后平展，黑褐色至黑色或紫褐色，表面有粗糙的毡毛状鳞片或疣，直立，反卷或角锥幕盖着，后菌幕脱落残留在菌盖边缘，直生或稍延生，长1～1.5 cm，污白色或灰色，后渐变褐色或淡黑色，管口多角形，每毫米有0.6～1个孔，与菌管同色。柄与菌盖同色，上下略等粗或基部稍膨大，顶端有网棱。下部有鳞片和茸毛。孢子印褐色。

【是否有毒】

未知。

【生境】

夏季散生于混交林地上。

【濒危等级】

无危（LC）。

【学　名】*Suillus bovinus*（L.）Roussel

【中文名】黏盖乳牛肝菌

【宏观特征】

子实体中型。菌盖幼时半球形或扁半球形，成熟后渐平展，边缘内卷，老后呈波浪状，肉色、浅赭黄色至黄褐色，边缘颜色较浅，湿时或潮湿环境较黏，干燥环境略黏，光滑或具微小鳞片。菌肉淡黄色至奶油色，偶浅粉色，伤后略变暗红色。菌管延生，不易与菌肉分离，淡黄褐色，伤不变色。孔口呈多角形或不规则形，放射状排列。菌柄圆柱形，向下渐细，光滑，与菌盖同色，伤不变色，基部有白色棉絮状菌丝体。

【是否有毒】

否。据记载可食用。但慎食。

【生境】

夏秋季群生于针叶林地上。

【濒危等级】

无危（LC）。

【学　名】*Termitomyces badius* Otieno

【中文名】乌黑白蚁伞

【宏观特征】

子实体中等，菌盖幼时圆锥形、斗笠形至扁半球形或扁平，中央有明显白色凸尖，黑色、黑灰色，表面光滑，或稍粗糙，后期边缘开裂。菌肉白色。菌褶纯白至污白色，老后带奶油色、较密、不等长。菌柄柱形，等粗，白色，近平滑，偶具明显纤毛状鳞片，基部延伸呈假根且与白蚁巢相连。

【是否有毒】

否。可食用。

【生境】

生于蚁巢上。

【濒危等级】

数据缺乏（DD）。

【学　名】*Termitomyces clypeatus* R. Heim

【中文名】盾尖白蚁伞

【宏观特征】

子实体小型。菌盖锥形、斗笠形，中部具明显尖凸，幼时污白色，老后暗褐色，具不明显长条纹，偶盖缘上翻。菌肉白色，菌褶污白色，离生，边缘锯齿状。菌柄较长，白色、污白色，基部稍膨大，白色假根延伸至蚁巢。

【是否有毒】

否。

【生境】

夏季散生或群生于白蚁蚁巢上。

【濒危等级】

数据缺乏（DD）。

【学　名】*Termitomyces microcarpus*（Berk. & Broome）R. Heim

【中文名】小蚁巢伞

【宏观特征】

子实体小型。菌盖幼时偶扁半球形，成熟后平展，白色、污白色至灰白色，中央具颜色较深的圆钝突起，边缘常裂开、反卷。菌肉白色。菌褶离生，白色至淡粉红色。菌柄圆柱形，中生，假根近圆柱形，白色至污色。

【是否有毒】

否。可食用。

【生境】

夏季生于热带和亚热带阔叶林地上或被破坏过的白蚁巢穴附近或路边。

【濒危等级】

数据缺乏（DD）。

【学　名】 *Termitomyces spiniformis* R. Heim

【中文名】 尖顶白蚁伞

【宏观特征】

子实体中型。菌盖幼时锥形、斗笠形，后期近平展，中央具明显粗糙的凸尖，浅黄褐色至赫褐黄色，表面稍干燥有长条纹，边缘波状或形裂。菌肉白色，中部稍厚。菌褶白色至带浅草黄色，近离生，较密，不等长。菌柄柱形，污白色或带草黄色，平滑或有条纹，基部延伸成假根。

【是否有毒】

否。可食用。

【生境】

夏季散生于阔叶林地上，与蚁巢相连。

【濒危等级】

数据缺乏（DD）。

【学　名】*Tetrapyrgos nigripes*（Fr.）E. Horak

【中文名】黑柄四角孢伞

【宏观特征】

子实体小型。菌盖幼时扁半球形，成熟后扁平至平展，浅暗白色、浅灰白色、淡灰色，中央偶下陷，边缘具不明显辐射状沟纹。菌肉薄，白色。菌褶直生至稍延生，灰白色，稍稀。菌柄上部与菌盖同色或颜色稍深，下部暗灰色至黑色。

【是否有毒】

未知。

【生境】

夏秋季群生于阔叶树腐木或落叶上。

【濒危等级】

数据缺乏（DD）。

【学　名】*Tetrapyrgos subcinerea*（Berk. & Broome）E. Horak

【中文名】近灰四角孢

【宏观特征】

子实体小型。菌盖半球形或凸透镜形，幼时中央具乳突，成熟后平展或平凸，偶具凹或脐，具不明显条纹；菌盖干，被细短茸毛，幼时白色，成熟后灰色或深棕色，边缘白色至奶油色。菌肉薄，与菌盖同色。菌褶延生，白色，偶灰色。菌柄中生，偶偏生，圆柱形，向下渐窄，扭曲，被白色纤毛，幼时白色，老后黑色或蓝黑色。气味和味道不明显。

【是否有毒】

未知。

【生境】

夏季着生于阔叶树落叶上。

【濒危等级】

缺乏数据（DD）

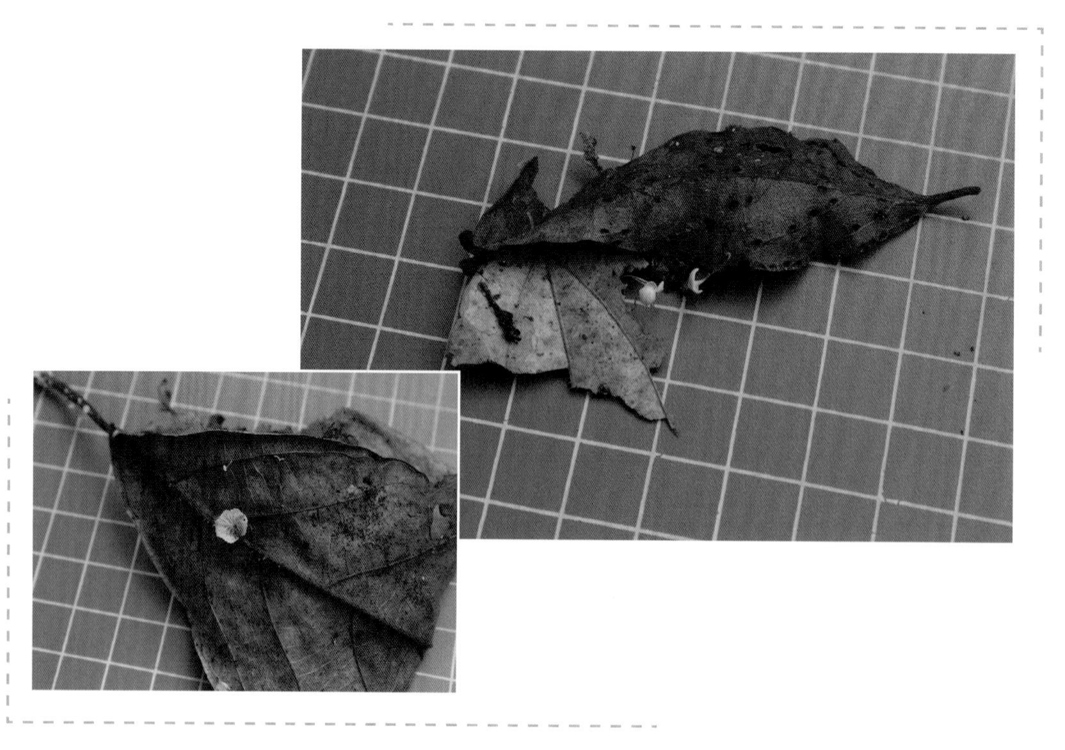

【学　名】*Thelephora vialis* Schwein.

【中文名】莲座革菌

【宏观特征】

子实体小型，幼时软革质，成熟后变硬，常漏斗状丛生，偶群生，中部层叠呈莲座状。盖面浅米黄色至浅褐色，具辐射状皱纹，边缘白色至污白色。子实层表面平滑或有疣状突起，淡粉灰色至暗灰色。菌柄短，偏生至中生。菌肉白色。

【是否有毒】

否。可药用。

【生境】

春季生于落叶林地上。

【濒危等级】

数据缺乏（DD）。

【学　名】*Trametes apiaria*（Pers.）Zmitr., Wasser & Ezhov

【中文名】毛蜂窝栓菌

【宏观特征】

子实体韧革质至韧木栓质，侧生无柄。菌盖半圆形、扇形至肾形，盖面暗褐色，具不明显的同心环纹，初期有不明显的深色分枝的粗毛，渐脱落；盖缘锈褐色，薄而锐。管口面褐色，渐呈青灰色；管口大，角形、蜂巢状，管内常呈灰白色。菌肉锈褐色、薄。子实层中有明显的锥形刺状体，基部褐色，上端无色或近无色。

【是否有毒】

未知。

【生境】

春季单生于阔叶树腐木上。

【濒危等级】

数据缺乏（DD）。

【学　名】*Trametes cinnabarina*（Jacq.）Fr.

【中文名】鲜红栓菌

【宏观特征】

子实体小型，一年生，革质。菌盖扇形或肾形，表面新鲜时砖红色，干后不变色。孔口表面新鲜时与盖面同色，干后不变色，近圆形，边缘稍厚，全缘。菌肉浅红褐色。菌管与孔口表面同色。

【是否有毒】

否。可药用。

【生境】

夏秋季生于阔叶树倒木或腐木上。

【濒危等级】

无危（LC）。

【学　名】*Trametes elegans*（Spreng.）Fr.

【中文名】雅致栓菌

【宏观特征】

子实体大型，一年生，硬革质。菌盖常半圆形，中部较厚，表面白色、浅灰白色至浅棕黄色、奶酪色，基部具瘤状突起，边缘锐，完整，与菌盖同色。孔口表面奶油色至浅黄色，多角形至迷宫状，辐射状排列，边缘薄，全缘。不育边缘奶油色。菌肉乳白色。菌管奶油色。

【是否有毒】

未知。

【生境】

夏秋季覆瓦状生于阔叶树腐木上。

【濒危等级】

数据缺乏（DD）。

【学　名】*Trametes hirsuta*（Wulfen）Lloyd

【中文名】毛栓菌

【宏观特征】

子实体一年生，覆瓦状叠生，硬革质。菌盖半圆形或扇形，表面乳黄色至浅棕黄色，老熟部分常带青苔，青褐色，被硬毛和细微茸毛，具明显的同心环纹和环沟，边缘锐，黄褐色。孔口表面乳白色至灰褐色，多角形，边缘薄，全缘或偶具缺刻。菌肉乳白色，菌管奶油色或浅乳黄色。

【是否有毒】

否。

【生境】

夏季覆瓦状叠生于阔叶树腐木上。本物种着生在榕树上。

【濒危等级】

数据缺乏（DD）。

【学　名】*Trametes pubescens*（Schumach.）Pilát

【中文名】绒毛栓菌

【宏观特征】

子实体中型。菌盖半圆形至扇形，覆瓦状，近白色、灰白至浅黄色，无菌柄，软木栓质，边缘薄，偶厚，略内卷，有白色茸毛，偶具不明显环带。菌肉白色，管口多角形，白色，常呈齿状。

【是否有毒】

未知。

【生境】

夏秋单生或覆瓦状叠生于阔叶树腐木上。

【濒危等级】

数据缺乏（DD）。

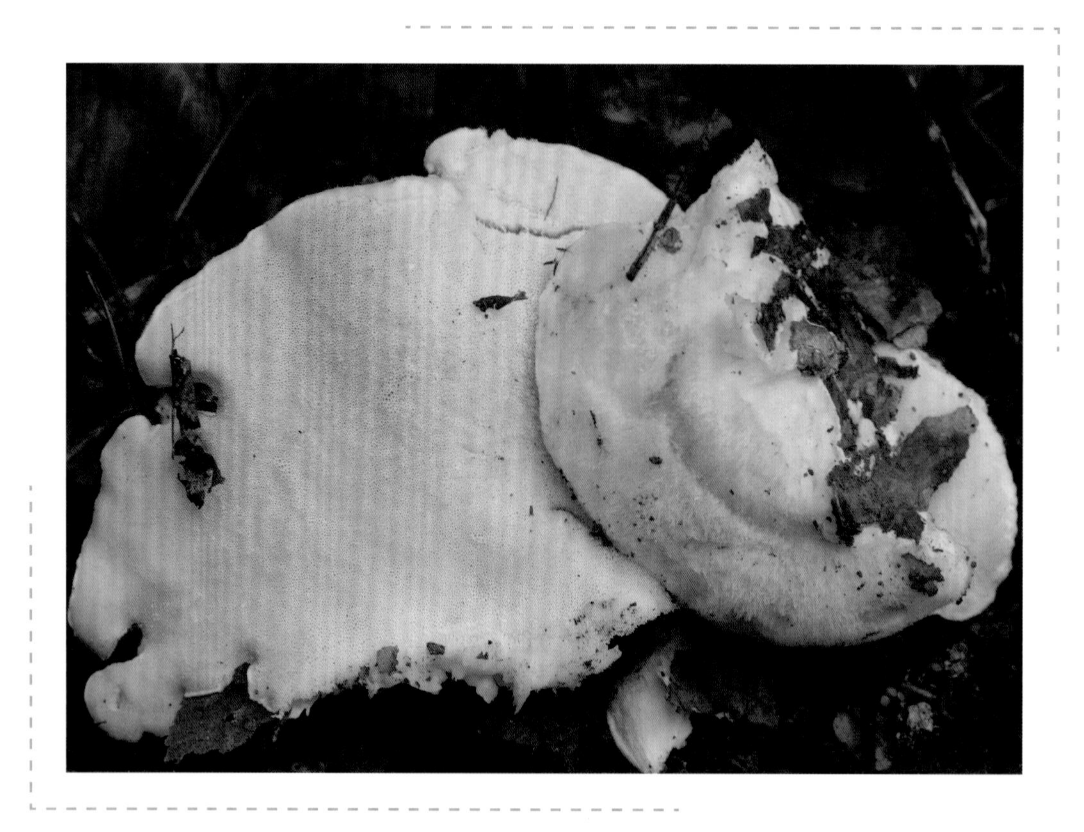

【学　名】*Trametes versicolor*（L.）Lloyd

【中文名】杂色栓菌

【宏观特征】

子实体一般小至较大。菌盖平伏，扇形或贝壳状，偶反卷，往往相互连接在一起呈覆瓦状生长，革质，表面有细长茸毛，褐色、灰黑色、污白色等多种颜色组成的狭窄的同心环带，茸毛常有丝绢光彩，边缘薄，波浪状。菌肉白色。无菌柄。管孔面白色。

【是否有毒】

否。属药用真菌。

【生境】

生于阔叶树、杉树等树木或枝上。

【濒危等级】

无危（LC）。

【学　名】*Tremella erythrina* Xin Zhan Liu & F. Y. Bai

【中文名】砖红色银耳

【宏观特征】

子实体脑状至小叶状，具波状裂片，胶质，红色、棕红色、砖红色，干后棕橙色。无柄。

【是否有毒】

否。可食用。

【生境】

夏秋季生于林中阔叶树腐木上。

【濒危等级】

数据缺乏（DD）。

【学　名】*Tremella fuciformis* Berk.

【中文名】银耳

【宏观特征】

子实体新鲜时白色，透明，湿水或干后黄色，黏滑，胶质，由薄而卷曲的瓣片组成。子实体周边常见黑色“香灰菌”。

【是否有毒】

否。可食用。

【生境】

夏季单生于阔叶树新鲜倒木上。

【濒危等级】

数据缺乏（DD）。

【学　名】*Tricholomopsis decora*（Fr.）Singer

【中文名】黄拟口蘑

【宏观特征】

子实体小型。菌盖幼时凸镜形，边缘内卷，老后平展，中部略下陷，边缘不整齐，偶小波浪状，黄色，表面密布浅褐色、灰褐色小鳞片。菌肉浅黄色至黄色，薄。菌褶直生至近延生，黄色，中等密，不等长。菌柄圆柱形，向下渐粗，浅黄色，基部具黄白色菌丝。

【是否有毒】

未知。

【生境】

夏秋季单生或散生于混交林地上。

【濒危等级】

无危（LC）。

【学　名】*Turbinellus floccosus*（Schwein.）Earle

【中文名】毛钉菇

【宏观特征】

子实体中型，常喇叭状。菌盖淡黄色、橘黄色至橘红色，幼时下凹较浅，老后下凹较深，被橘黄色至橘红色鳞片。菌肉厚，白色。菌柄长，后期内部中空呈管状。菌褶污白色至淡黄色，不典型，棱状或皱褶状，延生，偶交织。

【是否有毒】

是。据记载有毒。

【生境】

夏秋季单生或散生于阔叶林地上。

【濒危等级】

无危（LC）。

【学　名】*Tylopilus microsporus* S. Z. Fu，Q. B. Wang & Y. J. Yao

【中文名】小孢粉孢牛肝菌

【宏观特征】

子实体大型。菌盖初期半球形、透镜形，老后扁半球形至稍凸起；幼时边缘内卷；干，被有不明显茸毛，淡紫色至紫罗兰色，成熟后淡紫色、紫粉色或略带棕色；老后淡棕色至略带紫色，边缘色淡，伤后不变色。菌肉较厚，白色，伤不变色，味苦。菌管幼时白色，成熟后白色或略带粉色，伤不变色。菌孔近圆形，白色至浅紫色、略带棕色，伤不变色。菌柄近圆柱形，棍棒状，向下渐大，具不明显条纹，淡紫色至紫色，基部具白色菌丝体，实心。

【是否有毒】

是。

【生境】

夏季单生或散生于针阔混交林地上。

【濒危等级】

数据缺乏（DD）。

【学　名】*Volvariella murinella*（Quél.）M. M. Moser ex Dennis, P. D. Orton & Hora

【中文名】灰小包脚菇

【宏观特征】

子实体中到大型。菌盖圆锥形或圆锥形到近球形，成熟后平展，表面淡褐色，中心灰褐色，边缘白色到苍白色，放射状的纤维状茸毛在边缘变成近鳞状，边缘波浪状。菌褶离生，起初白色，后玫瑰色，密，边缘白色。菌柄圆柱形，硬，表面被乳白色茸毛，偶有条纹。菌托通常三裂，偶不规则裂，外部棕褐色到灰褐色，内部橄榄灰色，边缘被小的、深色的鳞状毛。菌肉白色到奶油白色，伤不变色。

【是否有毒】

未知。

【生境】

夏秋季单生阔叶林地上。

【濒危等级】

数据缺乏（DD）。

【学　名】*Volvariella terastia*（Berk. & Broome）Singer

【中文名】裂托小包脚菇

【宏观特征】

子实体中型。菌盖幼时钟形、圆锥形，成熟后平展，表面淡褐色，中心灰褐色，边缘粉红色到肉红色，具放射状的纤维状茸毛，具明显沟纹，边缘全缘。菌褶离生，起初呈白色，后呈粉红色至粉色，密。菌柄圆柱形，表面被乳白色茸毛，具不明显条纹。菌肉白色到奶油白色，伤不变色。菌柄近圆柱形，有纵向裂纹，菌托呈不规则杯状，灰色，自上而下渐浅，底部浅白色，上部有无数细小的斑点状纤毛。

【是否有毒】

未知。

【生境】

夏秋季单生阔叶林地上。

【濒危等级】

数据缺乏（DD）。

拉丁文索引

中文索引

主要参考文献

陈振妮，陈丽新，韦仕岩，等，2014. 广西大明山国家级自然保护区大型真菌资源调查. 食用菌，36（5）：13-15.

李泰辉，吴兴亮，宋斌，等，2004. 滇黔桂喀斯特地区大型真菌. 贵州科学，22（1）：2-18.

李玉，2013. 菌物资源学. 北京：中国农业出版社.

李玉，刘淑艳，2015. 菌物学. 北京：科学出版社.

李玉，李泰辉，杨祝良，等，2015. 中国大型菌物资源图鉴. 郑州：中原农民出版社.

祁亮亮，2016. 东北地区落叶松林下大型真菌多样性研究. 长春：东北师范大学.

图力古尔，李玉，2000. 大青沟自然保护区大型真菌区系多样性的研究. 生物多样性，8（1）：73-80.

吴兴亮，2011. 广西邦亮自然保护区大型真菌的种类组成及其生态分布. 贵州科学，29（3）：8-19.

吴兴亮，王季槐，钟金霞，1993. 贵州茂兰喀斯特森林区真菌的种类组成及其生态分布. 生态学报，13（4）：306-312.

吴征镒，孙航，周浙昆，等，2011. 中国种子植物区系地理. 生物多样性，19（1）：124-124.

姚一建，李玉，2002. 菌物学概论. 北京：中国农业出版社.

臧穆，1980. 滇藏高等真菌的地理分布及其资源评价. 植物分类与资源学报，2（2）：42-77.

张树庭，2002. 关于蕈菌种类的评估.中国食用菌，21（2）：3-4.

Borhani A，Badalyan S M，Garibyan N N，et al.，2010. Diversity and Distribution of Macro Fungi Associated with Beech Forests of Northern Iran（Case Study Mazandaran Province）. *World Applied Sciences Journal*，11（2）：151-158.

Buée M，Maurice J P，Zeller B，et al.，2011. Influence of tree species on richness and diversity of epigeous fungal communities in a French temperate forest stand. *Fungal Ecology*，4（1）：22-31.

Enow E，Kinge T R，Tabi E M，et al.，2013. Diversity and distribution of macrofungi（mushrooms）in the Mount Cameroon Region. *Journal of Ecology and The Natural Environment*，5（10）：318-334.

Erwin T. L，1983. Beetles and other insects of tropical forest canopies at Manaus，

Brazil, sampled by insecticidal fogging. *Tropical rain forest: Ecology and management*, 2: 59–75.

Hawksworth D L, 1991. The fungal dimension of biodiversity: magnitude, significance, and conservation. *Mycological Research*, 95 (6): 641–655.

Hawksworth D L, 2001. The magnitude of fungal diversity: the 1.5 million species estimate revisited. *Mycological research*, 105 (12): 1422–1432.

Hawksworth D L, 2004. Fungal diversity and its implications for genetic resource collections. *Stud Mycol*, 50: 9–18.

Kirk P, Cannon P, Minter D, et al., 2008. Dictionary of the fungi. 10 th. CABI International, Wallingford, UK.

O'Brien H E, Parrent J L, Jackson J A, et al., 2005. Vilgalys R. Fungal community analysis by large-scale sequencing of environmental samples. *Applied and environmental microbiology*, 71 (9): 5544–5550.

Pecoraro L, Angelini P, Arcangeli A, et al., 2014. Macrofungi in Mediterranean maquis along seashore and altitudinal transects. *Plant Biosystems-An International Journal Dealing with all Aspects of Plant Biology*, 148 (2): 367–376.

Stockinger H, Krüger M, Schüßler A, 2010. DNA barcoding of arbuscular mycorrhizal fungi. *New Phytologist*, 187 (2): 461–474.

Taylor D L, Hollingsworth T N, McFarland J W, et al., 2014. A first comprehensive census of fungi in soil reveals both hyperdiversity and fine-scale niche partitioning. *Ecological Monographs*, 84 (1): 3–20.

Taylor J W, Jacobson D, Kroken S, et al., 2000. Phylogenetic species recognition and species concepts in fungi. *Fungal genetics and biology*, 31 (1): 21–32.

Varese G, Angelini P, Bencivenga M, et al., 2011. Ex situ conservation and exploitation of fungi in Italy. *Plant Biosystems-An International Journal Dealing with all Aspects of Plant Biology*, 145 (4): 997–1005.

Wen H A, Sun S X, 1999. Fungal flora of tropical Guangxi, China: Macrofungi. *Mycotaxon*, 72: 359–369.

White T J, Bruns T, Lee S, et al., 1990. Amplification and direct sequencing of fungal ribosomal RNA genes for phylogenetics. PCR protocols: a guide to methods and applications, 18: 315–322.

Wilkins W H, 1937. The ecology of larger fungi. I. Constancy and frequency of fungal species in relation to certain vegetation communities, particularly oak and beech . *Annals of Applied Biology*, 24 (4): 703–732.

致　谢

感谢吉林农业大学食药用菌教育部工程研究中心、福建省农业科学院食用菌研究所、广西民族大学、鲁东大学、扬州大学、广西弄岗国家级自然保护区管理中心等对大型真菌收集、鉴定、撰稿等工作的顺利开展提供全方位的支持。

感谢国家食用菌产业技术体系项目（CARS-20）、国家现代农业产业技术体系广西创新团队项目（nycytxgxcxtd-2021-07-01）、广西创新驱动发展专项资金项目（桂科AA17204045）、广西农业科学院稳定资助科研团队项目（桂农科2021YT092）、龙州特色作物试验站项目（TS202223）等提供支持。

感谢吉林农业大学李玉院士、李长田教授，云南省农业科学院赵永昌研究员，中国科学院昆明植物研究所吴刚研究员等对大型真菌鉴定工作提供的宝贵意见和建议。

▲ 国家食用菌产业技术体系在广西开展大型真菌采集培训活动

▲ 李玉院士在十万大山采集现场鉴别大型真菌

▲ 雨林中采集标本